74.–75. JAHRESBERICHT DES SONNBLICK-VEREINES FÜR DIE JAHRE 1976–1977

Geleitet von Prof. Dr. F. Steinhauser

Mit 13 Abbildungen im Text

Springer-Verlag Wien GmbH 1977

H. Reuter
Die Wettervorhersage
Einführung in die Theorie und Praxis

59 Abbildungen im Text und auf 2 Ausschlagtafeln. XIII, 208 Seiten. 1976. Gebunden DM 119,--

Neben der vorwiegend empirisch orientierten synoptischen Wettervorhersage hat in den letzten Jahren die numerisch-mathematische Methode der Vorausberechnung von Feldverteilungen meteorologischer Elemente in zunehmendem Maße an Bedeutung gewonnen. Auch bei der Analyse der Wetterkarte dominieren heute die objektiven rechnerischen Methoden, können jedoch derzeit die Arbeit des Meteorologen noch nicht ganz ersetzen. Wesentlich neue Erkenntnisse brachte auch die Satellitenmeteorologie. Um diesen Tatsachen gerecht zu werden, werden in dem Buch die empirisch-synoptischen wie auch die theoretischen Arbeitsweisen möglichst gleichmäßig berücksichtigt. Es werden die heute noch verwendbaren synoptischen Regeln und Analysenmethoden ebenso erläutert wie die rein mathematischen Methoden der numerischen Integration von Modellgleichungen. Das Buch soll sowohl einen Einblick in die moderne Problematik der Wetterprognose vermitteln als auch dem Studierenden einen Weg zum Verständnis der Spezialliteratur eröffnen. Es ist auch als Text für Vorlesungen über theoretische Synoptik und Einführung in die numerische Wettervorhersage geeignet.

Inhaltsübersicht:

Der synoptische Wetterzustand und seine Analyse. - Synoptische Methoden der Vorhersage. - Theorie der mathematischen Wettervorhersage: Numerische Integration der Prognosengleichungen und das Problem der Filterung. Das adiabatische Modell einer reibungsfreien trockenen Atmosphäre. Das barotrope Modell. Einfache barokline Modelle. Die Zyklogenese. Beispiel einer numerischen Vorausberechnung der Isohypsen der 500mb-Topographie mit barotropen und baroklinen Modellen. Die Ausbreitung von Luftverunreinigungen in der Atmosphäre.

Springer-Verlag Wien GmbH

ISBN 978-3-211-81458-1   ISBN 978-3-7091-3980-6 (eBook)
DOI 10.1007/978-3-7091-3980-6

74.–75. Jahresbericht

des

Sonnblick-Vereines

für die Jahre 1976–1977

Geleitet von Prof. Dr. F. Steinhauser

Mit 13 Abbildungen im Text

Springer-Verlag Wien GmbH 1977

Inhalt

	Seite
Erste Erfahrungen mit einer experimentellen Solaranlage auf dem Hohen Sonnblick, von O. Motschka und G. Turnheim (7 Abbildungen)	3
Die Veränderlichkeit der Tagessummen der Globalstrahlung in den Ostalpen, von Ferdinand Steinhauser (2 Abbildungen)	11
Hundert Jahre Wetterbeobachtungen in Rauris, von Adele und Friedrich Lauscher	20
Der Zustand von Gletschern im Großglockner- und Sonnblickgebiet im Eishaushaltsjahr 1975/76, von Hanns Tollner	30
Extremwerte der Lufttemperatur auf der Zugspitze (1900-1976), von Albert C. Kappel	37
Ergebnisse der Beobachtungen an den Nordchilenischen Hochgebirgsstationen Collahuasi und Chuquicamata, von Friedrich Lauscher (4 Abbildungen)	43
Der Tagesgang der vertikalen Temperaturgradienten im Tennengebirge, von H. Tollner	67
Die 90-Jahr-Feier des Sonnblick-Observatoriums, von O. Eckel	73
Die geschichtliche Entwicklung des Sonnblick-Observatoriums und seine Bedeutung für die meteorologische Wissenschaft, von Ferdinand Steinhauser	82
Aus dem Reisebericht Ernst von Wolzogens über die Eröffnung des Sonnblick-Observatoriums	90
Vereinsnachrichten	96
Bericht über die Tätigkeit des Sonnblick-Vereines (Juni 1976 — April 1977)	96
Ergebnisse der meteorologischen Beobachtungen auf dem Sonnblick-Gipfel (3106,5 m) aus dem Jahre 1976	98

Erste Erfahrungen mit einer experimentellen Solaranlage auf dem Hohen Sonnblick

Von O. Motschka und G. Turnheim

Mit 7 Abbildungen

Anläßlich des 90jährigen Bestehens des Observatoriums auf dem Hohen Sonnblick (3106 m) sollte durch die Errichtung einer Solaranlage die Möglichkeit der praxisbezogenen wissenschaftlichen Forschung an dieser extrem gelegenen meteorologischen Beobachtungsstation aufgezeigt werden. Andererseits kommt im Rahmen der Energieforschung gerade der Nutzung der Sonnenenergie große Bedeutung zu, wobei Erfahrungswerte für technische und meteorologische Probleme derartiger Anlagen für eine möglichst weitgespannte Anwendung gesammelt werden müssen.

In Zusammenarbeit mit den Vereinigten Metallwerken Ranshofen-Berndorf, Projektgruppe „Solar" der Metallwerke Berndorf, der Zentralanstalt für Meteorologie und Geodynamik, Wien, und dem Sonnblickverein, Wien, wurde eine sonnenenergiebetriebene Heizung für eine der Räumlichkeiten des Observatoriums eingerichtet. Die Kosten für

---

Titelbild (Abb. 1): Die Solaranlage auf dem Hohen Sonnblick. Vor der Hütte rechts im Bild gegen die Bildmitte zugerichtet die 4 m² großen Kollektorflächen.

die Anlage selbst und deren Errichtung wurden von den Vereinigten Metallwerken übernommen. Für die Meßtechnik und die Bearbeitung der Messungen zeichnet die Zentralanstalt für Meteorologie und Geodynamik verantwortlich. Eine finanzielle Unterstützung dieses Projektes der Sonnenenergieforschung durch Dritte ist nicht gegeben.

Das Ziel dieser Untersuchungen ist es, einerseits die für die Kollektoren verwendeten Materialien unter extremen Belastungen zu testen und zum anderen die meteorologischen Voraussetzungen für die Anwendbarkeit von Sonnenkollektoren im Hochgebirge näher zu untersuchen.

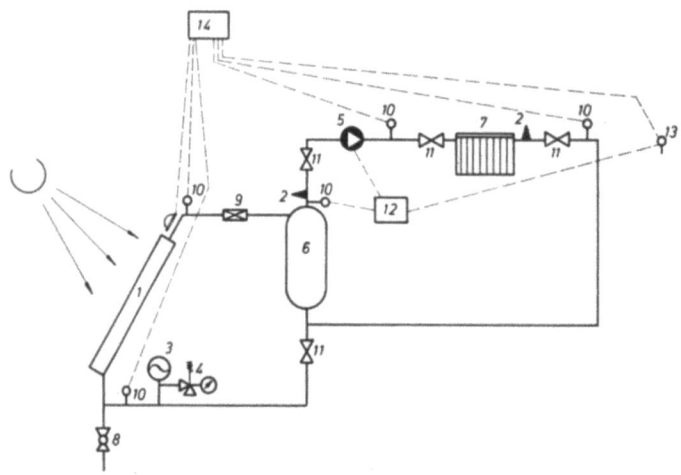

Abb. 2. Schaltschema Kollektor—Speicher—Radiator. 1 = ALUSTAR-Sonnenkollektor, 2 = Entlüftung, 3 = Ausdehnungsgefäß, 4 = Sicherheitsventil mit Manometer, 5 = Pumpe, 6 = Warmwasserspeicher, 7 = ALUSTAR-Radiator, 8 = Füll- und Entleerhahn, 9 = Rückschlagventil, 10 = Thermometer Pt 100, 11 = Absperrhahn, 12 = Steuerung, 13 = Raumfühler, 14 = Registriergeräte.

Die Kollektor- und Heizungsanlage

Der Sonnenkollektor — etwa 60° gegen die Horizontale geneigt (Abb. 1) — ist eine spezielle Konstruktion mit einer doppelten UV-stabilisierten Kunststoffabdeckung. Die Rücken- und Seitenteile sind mit einer 100 mm starken Isolierung versehen. Die 4 m² große Absorberfläche trägt eine selektive Beschichtung, die die langwellige Rückstrahlung der absorbierenden Fläche auf ein Sechstel reduziert. Diese Beschichtung ist eine Eigenentwicklung der Vereinigten Metallwerke. Um den Kreislauf Kollektor—Wärmespeicher nach dem Thermosiphonprinzip betreiben zu können, wurde der Absorber in Registerbauweise hergestellt. In der Abb. 1 ist der Kollektor rechts im Bild an der zur Bildmitte sehenden Seitenwand der Seilbahnhütte zu erkennen.

Das Schaltschema der Abb. 2 gibt Aufschluß über das Funktionsprinzip der Solaranlage. Im Kreislauf ALUSTAR-Kollektor (1)—Wärmespeicher (6) — Fassungsvermögen etwa 300 l — liegen diverse Sicherheitseinrichtungen, wie ein Rückschlagventil (9) in der Leitung Kollektor zu Speicher (warmer Teil), ein Ausdehnungsgefäß (3) mit Sicherheitsventil und Manometer (4), der Füll- bzw. Entleerhahn (8) und der Absperrhahn (11). Im Kreislauf Wärmespeicher (6)—ALUSTAR-Aluminium-Radiator (7) liegen im warmen Teil ein Absperrhahn (11), eine Pumpe (5), die Absperrhähne (11) vor und nach dem Radiator und die Entlüftung (2). Die Pumpe (7) zwischen Speicher und Radiator im etwa 40 m³ großen

Schlafraum ist wegen der etwa 20 m langen Leitung notwendig. Zur Steuerung der Pumpe, Leistung etwa 4 l pro Minute, dient die ALUSTAR-Solarsteuerung WW 85: Sobald die Speichertemperatur 15° über der Raumtemperatur liegt, schaltet die Pumpe in der Stellung Automatik ein und fördert das Heizmedium, ein Wasser-Glykol-Gemisch, zum Radiator. Die Steuerung ist von Automatik auf Handbetrieb umschaltbar.

Sämtliche Leitungen, Speicher usw. sind entweder frei mit einer Auflage von 100 mm Glaswolle isoliert oder, falls es sich um Leitungen im Freien handelt, in ausgeschäumten Kunststoffrohren verlegt, um die Energieverluste möglichst klein zu halten.

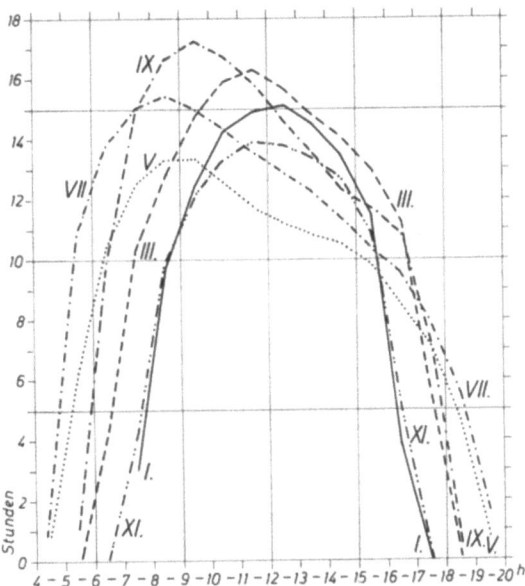

Abb. 3. Tagesgang des Sonnenscheins am Sonnblick in Stunden je Stunde pro Monat (nach Steinhauser [1]) in den Monaten Jänner, März, Mai, Juli, September, November.

Als Schwachstelle in der gesamten Anlage erwies sich das Antriebsaggregat der Pumpe. Die Stromversorgung für diesen Elektromotor erfolgt aus dem Batteriehausnetz des Observatoriums. Dieses Gleichstromnetz schwankt zwischen 40 und 80 V. Die Lebensdauer des Motors ist daher im Automatikbetrieb nicht sehr groß. Der Strombedarf im Verhältnis zur vorhandenen Kapazität ist bei längerem Betrieb sehr groß. Der Handbetrieb führt zu einer sehr geringen Nutzung der im Speicher vorhandenen Energie. Als Lösung dieses normalerweise belanglosen Problems ist daran gedacht, mittels Solarzellen und Batterien im Pufferbetrieb einen entsprechenden Elektromotor zu speisen. Durch diese Lösung könnte die Solaranlage ausschließlich mit Sonnenenergie betrieben werden.

Ein weiterer negativer Punkt der derzeitigen Anlage liegt in der Orientierung des Kollektors nach SW. Durch äußerst schlechte Wetterbedingungen während der Aufstellung konnte der ursprünglich vorgesehene Aufstellplatz mit einer Orientierung nach SSE nicht gewählt werden. Daß die Himmelsrichtungen SE bis SSE die günstigsten Strahlungsbedingungen aufweisen, ist aus der Abb. 3 über die Tagesgänge des Sonnenscheins (Steinhauser [1]) für einzelne Monate zu erkennen. Die Verlegung des Kollektors wird im Frühjahr 1977 vorgenommen.

Das meteorologische Meßprogramm

Neben den am Observatorium laufenden Registrierungen der meteorologischen Größen Lufttemperatur, Luftfeuchtigkeit, Globalstrahlung und Himmelsstrahlung auf die horizontale Fläche, Sonnenscheindauer und Wind werden zusätzlich auf zwei Registriergeräten spezifische Daten des Kollektors erfaßt.

Im gesamten Kreislauf der Solaranlage wurden vier Temperaturmeßstellen eingerichtet. Zwei Temperaturfühler sind am Kollektorein- bzw. -ausgang angebracht. Es wird einerseits die Temperatur der abfließenden erwärmten Wassermengen und andererseits die Temperatur des zufließenden kälteren Heizmediums gemessen. Diese Temperaturwerte sind nicht mit der Speichertemperatur des Warmwasserteiles oder des Kaltwasserteiles identisch, da der Einfluß der Außentemperaturen auf diese Temperaturwerte sehr groß ist, wie aus der Lage der Temperaturmeßstellen (10) im Schaltschema (Abb. 2) zu ersehen ist. Eine zusätzliche Temperaturmeßstelle zumindest für den Warmwasserteil des Speichers ist noch einzubauen.

Zwei weitere Temperaturfühler (Platinthermometer) liegen am Ein- bzw. Ausgang des Radiators. Etwa 1 m vom Radiator in mittlerer Raumhöhe wird die Raumtemperatur gemessen. Diese Räumlichkeit besitzt keine Beheizungsmöglichkeit und weist sehr schlechte Isolation in jeder Hinsicht auf, so daß das allgemeine Temperaturniveau sehr tief liegt.

Vollständige Temperaturregistrierungen konnten bisher nicht erhalten werden, da der Temperaturmeßbereich des Registriergerätes zu klein gewählt wurde. Im Zuge der notwendigen Verbesserungen an der gesamten Anlage wird dieser Fehler ebenfalls beseitigt.

Auf einem zweiten Registriergerät wird die auf die Kollektorfläche einfallende Strahlung gemessen. Ein Sternpyranometer, etwa unter 60° zur Horizontalen und nach SW orientiert aufgestellt, dient der Erfassung der „Kollektorstrahlung".

In diesem Meßprogramm fehlt derzeit noch ein Wärmemengenzähler im Kollektor-Wärmespeicher-Kreislauf. Derartige Geräte für die geringen Durchflußmengen sind noch zu entwickeln.

Einige vorläufige Ergebnisse und Erfahrungen mit der Solaranlage

Aus dem Zeitraum Mitte September bis Ende Dezember 1976 wurden aus den kontinuierlichen Registrierungen einzelne Sonderfälle ausgesucht. Eine geschlossene Bearbeitung soll nach der Beseitigung der bereits aufgezählten Mängel erfolgen.

Zur Charakterisierung der Strahlungsverhältnisse in dem vorliegenden Zeitraum ist in der Tabelle 1 die Sonnenscheindauer in Stunden für die einzelnen Monate angeführt. Im Vergleich zum langjährigen Mittel (nach Steinhauser) waren der September und Oktober stark, der November geringer unternormal, hingegen der Dezember gering übernormal.

Tabelle 1. Die Sonnenscheindauer in Stunden pro Monat auf dem Sonnblick

Monat	Sept.	Okt.	Nov.	Dez.
1976	127	128	94	120
langjährig	163	153	109	106
Differenz	− 36	− 25	− 15	+ 14

Im Zeitraum 15. September bis 31. Dezember 1976 gab es 39 Tage mit mehr als 6 Stunden Sonnenschein, 18 Tage mit 0,1 bis 6 Stunden Sonnenschein und 40 Tage ohne Sonnenschein.

Aus den 39 Tagen mit mehr als 6 Stunden Sonnenschein wurden 23 wolkenlose Tage und aus den 40 Tagen ohne Sonne 17 Tage für eine nähere Bearbeitung herausgesucht. Die Sonnenscheindauer dieser Tage wurde der Globalstrahlung und der Kollektorstrahlung

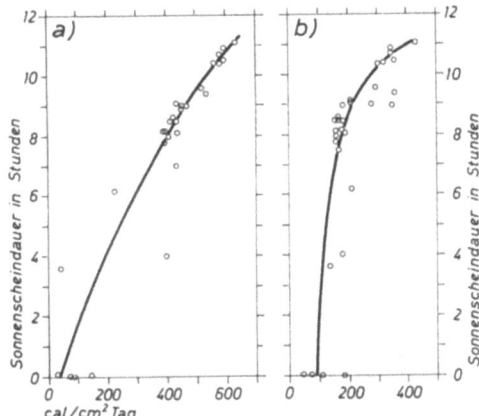

Abb. 4. Beziehung zwischen den Tagessummen der Sonnenscheindauer und der Strahlung auf den Kollektor (a) und zwischen den Tagessummen der Sonnenscheindauer und der Globalstrahlung auf die horizontale Fläche (b).

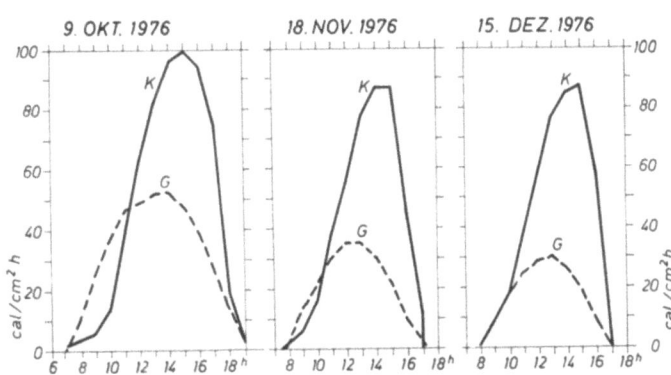

Abb. 5. Tagesgänge der Globalstrahlung G (- - - - -) und Kollektorstrahlung K (———) an wolkenlosen Tagen.

in Tagessummen gegenübergestellt. Das Ergebnis zeigt die Abb. 4. Die Beziehung zwischen Kollektorstrahlung und Sonnenscheindauer scheint, abgesehen von Werten bei wechselnder Bewölkung, die nicht verwendet wurden, eindeutiger zu sein als zwischen Globalstrahlung und Sonnenscheindauer. Einmal mehr zeigen sich die Schwierigkeiten, aus der Sonnenscheindauer Rückschlüsse auf Strahlungsintensitäten zu ziehen.

Die Tagesgänge der Globalstrahlung und Kollektorstrahlung an wolkenlosen Tagen sind für je einen Tag für die Monate Oktober, November und Dezember in der Abb. 5 dargestellt. Am 9. Oktober 1976 übertrifft die Kollektorstrahlung (592,1 cal cm^{-2} Tag^{-1}) die Globalstrahlung (354,6 cal cm^{-2} Tag^{-1}) um 237,5 cal cm^{-2} Tag^{-1}. Die Sonnenscheindauer betrug an diesem Tag 10,5 Stunden. Die gesamte Kollektorfläche hat an diesem

Tag 23 684 · 10³ cal 4 m⁻² Tag⁻¹ erhalten. Würde diese Energiemenge voll auf die 300 l Heizmedium umgelegt werden können, so entspräche dies einer Aufheizung um 79°. Ähnlich sind die Verhältnisse am 18. November und 15. Dezember 1976. Bei 9,1 Sonnenscheinstunden am 18. November erhält der Kollektor um 228,1 cal cm⁻² Tag⁻¹ mehr als die Globalstrahlung. Insgesamt wurde die Kollektorfläche mit 17 164 · 10³ cal 4 m⁻² Tag⁻¹ bestrahlt, was einer Erwärmung um 57° entsprechen würde. Am 15. Dezember war die Kollektorstrahlung um 269,4 cal cm⁻² Tag⁻¹ höher als die Globalstrahlung, bei 7,5 Sonnenscheinstunden. Die Gesamtenergie für den Kollektor betrug 17 328 · 10³ cal 4 m⁻² Tag⁻¹, umgelegt entspräche dies einer Erwärmung des Heizmediums um 58°. Leider konnten die hohen Temperaturen des Kollektors nicht gemessen werden (Meßbereichsumfang zu klein), ergänzt man aber die Registrierkurven, so liegen die Temperaturwerte, wenn man etwa vom Nullgradwert ausgeht, um 60 bis 80°. Immerhin läßt sich aber sicher behaupten, daß der Wirkungsgrad des Kollektors sehr hoch ist.

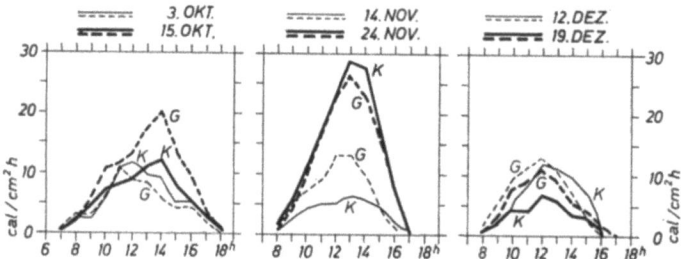

Abb. 6. Tagesgänge der Globalstrahlung auf die horizontale Fläche (G) und der Strahlung auf den Kollektor (K) an bedeckten Tagen.

Wesentlich anders sind natürlich die Strahlungsverhältnisse an bedeckten Tagen. Die hier ausgesuchten voll bewölkten Tage sind in der Abb. 6 dargestellt. Die Tagessummen der Globalstrahlung betragen etwa 50 bis 100 cal cm⁻² Tag⁻¹. Die Kollektorstrahlung ist im Schnitt um etwa 15 bis 20% geringer als die Globalstrahlung, die ja nur aus der Himmelsstrahlung alleine besteht und das kollektorparallele Sternpyranometer nur einen geringeren Anteil der Strahlung aus dem Halbraum erfaßt. An fast allen Tagen herrschte außerdem noch starker Schneefall bei tiefen Temperaturen (12. Dezember z. B. — 20°). Eine theoretische Erwärmung aus den zur Verfügung stehenden Strahlungsintensitäten um etwa 5° wäre zu erreichen, allerdings ist der Energieverlust des Wärmespeichers an solchen Tagen wesentlich größer, so daß diese Energien höchstens die Abkühlung des Speichers etwas verlangsamen.

Als typischer Grenzfall kann der 24. November 1976 (Abb. 6, Tagesgang der Strahlung) angesehen werden. Bei einer Gesamtstrahlung auf den Kollektor von 141,3 cal cm⁻² Tag⁻¹, das sind 5652 · 10³ cal 4 m⁻² Tag⁻¹, und einer errechneten Erwärmung des Heizmediums um etwa 19° ist der Speicher von 0,4 auf 19° aufgeheizt worden. Die Außentemperaturen dieses Tages lagen um 7 Uhr bei — 20° und um 19 Uhr bei — 14°. Zieht man die Erwärmung der Luft um 6° von der gemessenen Erwärmung des Speichers um 19° als fremden Energiegewinn ab, so brachte die Solaranlage einen Energiegewinn von etwa 13° gegenüber dem theoretischen von 19°. Wie sich bei der Durchsicht der Strahlungs- und Temperaturdaten erkennen ließ, dürften Strahlungsintensitäten in der Größenordnung von etwa 150 cal cm⁻² Tag⁻¹ einen Schwellwert für eine effektive Leistung der am Sonnblick installierten Solaranlage darstellen.

Betrachten wir nun die Temperaturregistrierungen der Solaranlage. Am 22. September 1976, einem wolkenlosen Tag mit 626,3 cal cm^{-2} Tag^{-1} Kollektorstrahlung, war die Steuerautomatik für die Pumpe auf eine Temperaturdifferenz von 2° gestellt. In der Abb. 7a sind die Temperaturkurven für diesen Tag in Abhängigkeit von der Zeit dargestellt. Die nächtliche Abkühlung des Heizmediums im Radiator (C) und im warmen Teil des Kollektorkreises (D) wird mit dem Einsetzen der Strahlung (A) ab 9 Uhr in einen

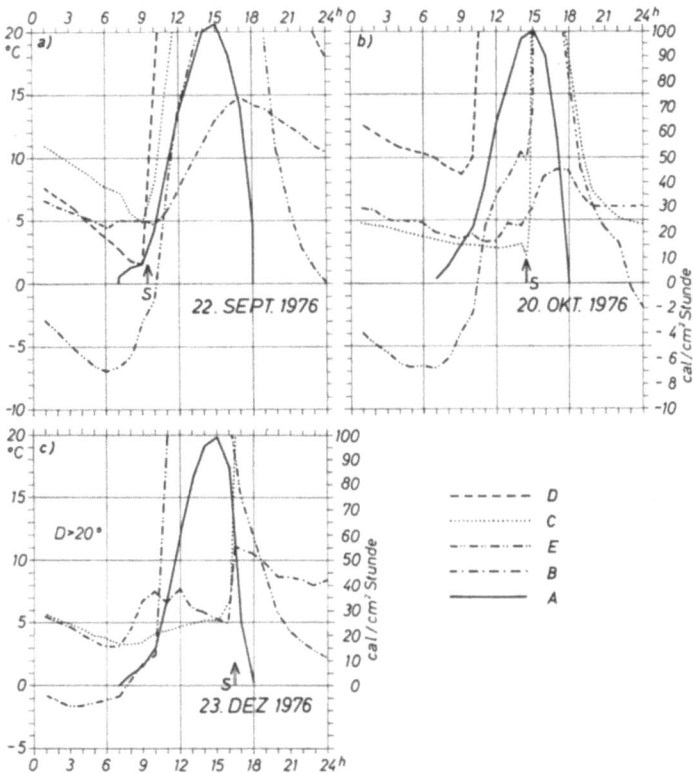

Abb. 7. Tagesgänge der Temperaturen an und in der Solaranlage. D = warme Seite Kollektor, C = Radiator, E = kalte Seite Kollektor, B = Raumtemperatur, A = Kollektorstrahlung, S = Schaltpunkt Pumpe.
7a: 22. September 1976, 7b: 20. Oktober 1976, 7c: 23. Oktober 1976.

raschen Temperaturanstieg umgewandelt. Um 10 Uhr werden bereits 20° überschritten, und die Pumpe wurde im Kreislauf Speicher—Kollektor eingeschaltet (Marke S in der Abb. 7a). Die kalte Kollektorseite (E) geht eng mit der Außentemperatur mit und hat um 6 Uhr ihr Minimum mit — 7° erreicht. Um 13 Uhr erreicht auch die kalte Kollektorseite 20°. Bis 17 Uhr ist die Raumtemperatur (B) von 5° auf 15° angestiegen. Mit Sonnenuntergang fällt die kalte Kollektorseite rasch unter 20°. Die warme Seite bleibt annähernd bis Mitternacht auf 20°, der Radiator die ganze Nacht hindurch auf über 20°. Der Wärmespeicher hat also genügend Energie unter Tags aufgenommen und kann den Radiator entsprechend versorgen.

Am 20. Oktober 1976 war die Temperatursteuerung der Solaranlage auf eine Temperaturdifferenz von 15° zwischen Speicher und Raum eingestellt. Die warme Seite des Kollektors (D) erreicht um 10 Uhr mit dem kräftigen Einsetzen der Strahlung (576,3 cal cm^{-2} Tag^{-1}) 20° und bleibt den gesamten weiteren Tag auf bzw. über dieser Temperatur (ca. um 70°). Die kalte Kollektorseite erreicht ausgehend von — 7° um 15 Uhr mehr als 20° (Kurve E). Radiator- und Raumtemperatur (Kurven C und B in der Abb. 7b) sind etwa gleich. Um 14 Uhr schaltet die Automatik, eine Stunde später ist der Radiator auf 20°, und die Raumtemperatur steigt von 4° auf 9° an. Der Temperaturabfall des Radiators um 19 Uhr rührt daher, daß die Pumpe von Hand aus abgeschaltet wurde. Die vorhandene Energie im Speicher konnte also nicht genutzt werden.

In der Abb. 7c ist schließlich noch ein Tag, der 23. Oktober 1976, behandelt, an dem die Solaranlage von Hand ausgeschaltet wurde. Dem Kollektor wurde an diesem Tag eine Tagessumme von 515,8 cal cm^{-2} Tag^{-1} zugestrahlt. Etwa um 16 Uhr wurde die Pumpe eingeschaltet, und eine Stunde später ist die Raumtemperatur um 6° angestiegen. Die warme Seite des Kollektors ist den ganzen Tag über auf 20°, wie auch der Radiator ab dem Einschaltzeitpunkt. Es steht also genügend Energie zur Verfügung, um ein weiteres Absinken der Raumtemperatur zu unterbinden.

Zusammenfassend läßt sich also sagen, daß trotz einiger Mängel der derzeitigen Solaranlage und trotz der geringen Kollektorfläche von 4 m² diese experimentelle Anlage durchaus positiv zu beurteilen ist. Eine geschlossene Analyse aller Meßdaten nach längerem Betrieb der Anlage wird eine endgültige Beurteilung der Anwendung von Solaranlagen im Hochgebirge liefern.

Zusammenfassung

Im September 1976 wurde auf dem Hohen Sonnblick eine experimentelle Solaranlage für Heizungszwecke installiert. Über die ersten Erfahrungen mit dieser Anlage im Zeitraum September bis Jahresende 1976 wird an Hand ausgewählter Tage berichtet. Die ersten Ergebnisse zeigen, daß die relativ kleine Kollektoranlage — 4 m² — ab etwa 150 cal cm^{-2} Tag^{-1} trotz tiefer Außentemperaturen brauchbare Wärmemengen liefert.

Literatur

[1] Steinhauser, F.: Tages- und Jahresgang der Sonnenscheindauer in Österreich (1929—1968). Arbeiten aus der Zentralanstalt f. Meteorologie und Geodynamik, Heft 12, 1973.

Die Veränderlichkeit der Tagessummen der Globalstrahlung in den Ostalpen

Von Ferdinand Steinhauser, Wien

Mit 2 Abbildungen

Die in der Gegenwart sehr aktuell gewordene Nutzung der Sonnenstrahlung als neue Energiequelle stellt nicht nur technische Probleme; als Voraussetzung für die Beurteilung der Rentabilität und Möglichkeit der Nutzung der Sonnenenergie müssen auch die meteorologischen Grundlagen und die Beobachtungsdaten der Strahlung und ihrer Veränderlichkeit in Betracht gezogen werden. Dabei handelt es sich nicht nur um die direkte Sonnenstrahlung, sondern auch um die diffuse Himmelsstrahlung, die als Ergänzung der direkten Sonnenstrahlung ebenfalls Energie liefert, die bei Abschirmung der direkten Sonnenstrahlung durch Bewölkung von ausschlaggebender Bedeutung wird. Die Summe von Sonnen- und Himmelsstrahlung wird als sogenannte Globalstrahlung an relativ vielen Orten registriert. Die Auswertungen dieser Registrierungen geben Aufschluß darüber, welche Strahlungsenergie zu verschiedenen Tages- und Jahreszeiten an den verschiedenen Orten zur Nutzung zur Verfügung steht. Dies hängt von astronomischen, meteorologischen und topographischen Verhältnissen ab [1].

Zu den astronomischen Faktoren gehört die Änderung von Sonnenauf- und Sonnenuntergang und damit die Änderung der Tageslänge im Laufe des Jahres und in Abhängigkeit von der geographischen Breite. In unserer geographischen Breite (48°N) schwanken an Orten mit nicht überhöhtem freiem Horizont die Sonnenaufgangszeiten zwischen ungefähr 4 Uhr am 21. Juni und ungefähr 8 Uhr am 21. Dezember, die Sonnenuntergangszeiten zwischen ungefähr 20 Uhr im Juni und ungefähr 16 Uhr im Dezember und damit die Tageslängen zwischen 16 Stunden im Juni und 8 Stunden im Dezember [2]. Auch die Sonnenhöhe, von der die am Boden einfallende Strahlungsintensität stark abhängt, schwankt im Laufe des Tages und zu bestimmten Tagesstunden im Laufe des Jahres beträchtlich. In unserer geographischen Breite erreicht sie zur Mittagszeit im Dezember nur 18½°, im Juni aber 65½°.

Als topographische oder lokale Faktoren, die die Einstrahlung beeinflussen können, kommen Horizontüberhöhungen durch Gebirge oder durch Bauten in Betracht, die den Sonnenaufgang verzögern oder den Sonnenuntergang verfrühen können und damit den Tagbogen der Sonnenbahn verkürzen. Bei nicht gleichmäßiger Horizontüberhöhung, was im allgemeinen meist der Fall ist, ändert sich ihre abschirmende Wirkung natürlich auch im Laufe des Jahres, weil der Aufgangs- und Untergangsort sich von Nordosten bzw. Nordwesten im Sommer gegen Südosten bzw. Südwesten im Winter verschiebt.

Die meteorologische Beeinflussung der Energie der Sonnenstrahlung und der Globalstrahlung, ihrer Tages- und Monatssummen wird durch den Grad der Bewölkung, durch die Art und die Dichte der Wolken und durch ihre Verteilung am Himmel und zum Teil auch durch den Trübungsgrad der Luft bestimmt und durch die Registrierung der Strahlung erfaßt. Im allgemeinen wird die auf eine horizontale Fläche auffallende Strahlung registriert. Für die Nutzung der Globalstrahlung wären auch die Werte der auf geneigte Flächen einfallenden Strahlung von Bedeutung. Während die Intensität der auf geneigte Flächen einfallenden direkten Sonnenstrahlung aus der senkrecht auf die Meßfläche oder auch auf eine horizontale Fläche einfallenden Intensität der direkten Sonnenstrahlung genau berechnet werden kann, ist dies bei der Globalstrahlung wegen des Anteils der uneinheitlich gerichteten diffusen Himmelsstrahlung nicht möglich, und Ergebnisse von Registrierungen der auf geneigte Flächen einfallenden Globalstrahlung sind in der Literatur nur sehr wenig veröffentlicht [1].

Es geben aber auch die Registrierungen der auf eine horizontale Fläche einfallenden Globalstrahlung schon gute Grundlagen für die Beurteilung der für die praktische Nutzung zur Verfügung stehenden Strahlungsenergie. Mehrjährige Reihen von Registrierungen der Globalstrahlung auf die horizontale Fläche gibt es in Österreich von 28 Stationen, deren Ergebnisse auch regelmäßig veröffentlicht werden [3]. Daraus können durchschnittliche Tages- und Jahresgänge und langjährige Mittelwerte der Globalstrahlung berechnet werden.

Da es bei der Beurteilung der Rentabilität der Nutzung der Sonnenstrahlung auch darauf ankommt, die Variabilität der zur Verfügung stehenden Strahlungsenergien in Betracht zu ziehen, um die Notwendigkeit und Möglichkeit der Schaffung von Speicheranlagen zur Überbrückung der Zeiten, in denen die Strahlung nur zu geringe Energien liefert, abzuschätzen oder für diese Zeiten für Ersatzenergiequellen Vorsorge zu treffen, muß neben den Durchschnittswerten der Tagessummen der Strahlung auch die Verteilung der Strahlungswerte auf die einzelnen Tage bekannt sein. Es werden deshalb im folgenden Häufigkeitsverteilungen und Extremwerte der Tagessummen der Globalstrahlung für einige Beobachtungsstationen aus verschiedenen Höhenlagen in Österreich mit mindestens zehnjährigen Beobachtungsreihen wiedergegeben und besprochen. Dies geschieht für die Tagessummen der Globalstrahlung in Salzburg, 434 m (1958—1975), als Station der Niederung nördlich der Alpen, auf dem Feuerkogel, 1590 m (1964—1975), als Station in mittleren Höhen am nördlichen Alpenrand, auf dem Sonnblick, 3106 m (1958—1975), als Station am Zentralalpenkamm und in Graz-Thalerhof, 346 m (1964—1975), als Station in der Niederung der Südalpen.

Tabelle 1 gibt eine Übersicht über den Jahresgang der langjährigen Mittelwerte und der durchschnittlichen und absoluten Extremwerte der Tagessummen der Globalstrahlung an diesen Stationen. Daraus ist ersichtlich, daß die Jahresgänge im allgemeinen durch die Jahresgänge der Tageslänge und der mittägigen Sonnenhöhe bestimmt werden, aber durch den durchschnittlichen Jahresablauf der Bewölkung und der dadurch bestimmten Sonnenscheindauer modifiziert werden. Der Jahresgang des Bewölkungsgrades ist sehr deutlich auch aus dem Jahresgang der relativen Sonnenscheindauer ersichtlich, die angibt, wie viele Prozent der Zeit der in einem wolkenlosen Monat möglichen Sonnenscheinstunden die Sonne wirklich geschienen hat. Im langjährigen Durchschnitt ist der Jahresgang der relativen Sonnenscheindauer für die vier Stationen in Tabelle 2 wiedergegeben. Daraus ist ersichtlich, daß in den Monaten November bis Jänner in Salzburg und in Graz die relative Sonnenscheindauer wesentlich geringer ist als auf den beiden Bergstationen, was darauf zurückzuführen ist, daß in diesen Monaten die Niederungen häufig unter einer Nebel- oder Hochnebeldecke liegen, während auf den Bergen gleichzeitig sonniges Wetter herrscht. In den Monaten April bis August ist es aber umgekehrt; in diesen Monaten stecken die hohen Berggipfel oft in den bei Schönwetter durch den

Tabelle 1. Mittelwerte und Extremwerte der Tagessummen der Globalstrahlung (cal/cm², Tag)

	Jän.	Feb.	März	April	Mai	Juni	Juli	Aug.	Sept.	Okt.	Nov.	Dez.
a) in Salzburg, 434 m (1958—1975)												
Mittelwert	89	146	233	307	375	401	398	354	279	183	88	66
Mittleres Maximum	175	283	423	544	638	660	641	576	462	326	194	134
Mittleres Minimum	16	30	47	55	66	67	72	64	57	26	17	14
Absolutes Maximum	209	342	492	640	724	713	690	609	528	382	220	153
Absolutes Minimum	7	14	21	26	25	33	25	23	21	13	10	9
b) auf dem Feuerkogel, 1590 m (1964—1975)												
Mittelwert	104	159	266	337	356	357	370	329	283	204	114	87
Mittleres Maximum	185	304	458	599	656	730	703	614	502	394	231	148
Mittlertes Minimum	30	42	86	108	91	76	66	77	58	45	24	19
Absolutes Maximum	237	358	524	669	720	773	784	668	562	415	293	182
Absolutes Minimum	11	20	35	68	48	49	29	32	33	18	6	9
c) auf dem Sonnblick, 3106 m (1958—1975)												
Mittelwert	145	228	352	452	513	489	456	386	340	261	154	126
Mittleres Maximum	228	350	517	651	754	794	771	673	534	395	255	179
Mittleres Minimum	59	98	168	221	233	200	177	128	117	94	57	49
Absolutes Maximum	246	391	570	729	819	844	840	734	620	435	283	209
Absolutes Minimum	37	54	117	84	117	145	71	77	36	45	29	23
d) in Graz-Thalerhof, 346 m (1964—1975)												
Mittelwert	86	153	253	326	422	433	447	374	278	202	103	75
Mittleres Maximum	171	276	410	531	643	653	650	574	460	334	208	139
Mittleres Minimum	23	38	51	65	79	106	106	69	51	50	18	14
Absolutes Maximum	199	319	440	568	701	698	700	605	497	356	235	152
Absolutes Minimum	6	24	20	31	40	49	22	50	18	22	8	8

thermischen Auftrieb erzeugten Wolken, während in der Niederung die Sonne scheint. Dabei wird von März bis September der Hohe Sonnblick zufolge seiner großen Höhe und einer Stauwirkung von Norden und vom Süden her häufiger von Wolken eingehüllt als der niedrigere Feuerkogel.

Dieser Jahresgang der relativen Sonnenscheindauer bzw. der Bewölkung modifiziert den Jahresgang der Strahlung, der bei wolkenlosem Wetter und nicht überhöhtem Horizont durch eine durch den Jahresgang von Tageslänge und mittägiger Sonnenhöhe bestimmte ganzjährige Welle mit einem Maximum im Juni und einem Minimum im Dezember

Tabelle 2. Durchschnittlicher Jahresgang der relativen Sonnenscheindauer in % der effektiv möglichen Dauer (nach [4])

	Jän.	Feb.	März	April	Mai	Juni	Juli	Aug.	Sept.	Okt.	Nov.	Dez.
Salzburg	29	39	45	45	48	51	52	55	55	47	28	26
Feuerkogel	36	39	43	40	40	39	41	45	50	49	39	40
Sonnblick	41	38	38	32	32	28	30	38	45	50	39	41
Graz	29	40	45	47	48	52	56	57	55	44	27	25

sich darstellen lassen müßte, wobei in jedem Monat die Werte mit zunehmender Höhe im Gebirge auch größer werden müßten. An den einzelnen Stationen vermindert auch eine in den verschiedenen Monaten unterschiedliche Horizontüberhöhung durch die Verkürzung der Tagbogenlänge der Sonnenbahn die Tagessummen der Globalstrahlung.

Tabelle 3. Jahresgang der Zahl der in den einzelnen Monaten bei wolkenlosem Wetter effektiv möglichen Sonnenscheinstunden

	Jän.	Feb.	März	April	Mai	Juni	Juli	Aug.	Sept.	Okt.	Nov.	Dez.
Salzburg	250	259	330	372	440	444	451	408	338	303	253	238
Feuerkogel	256	269	334	383	445	457	463	424	349	310	263	240
Sonnblick	281	296	371	411	472	480	483	442	377	347	290	268
Graz	258	268	337	379	437	446	455	417	342	306	259	242

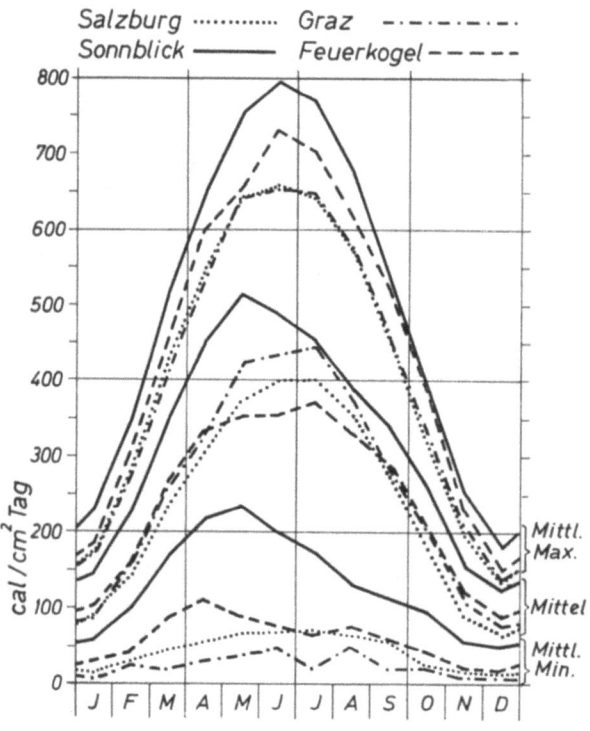

Abb. 1. Jahresgang der Monatsmittel der Tagessummen, der mittleren monatlichen Maxima und der mittleren monatlichen Minima der Tagessummen der Globalstrahlung in Salzburg (434 m), auf dem Feuerkogel (1590 m), auf dem Sonnblick (3106 m) und in Graz-Thalerhof (346 m).

Die Unterschiede in der Horizontüberhöhung an den einzelnen Stationen und in den einzelnen Monaten kann aus einem Vergleich der für wolkenlose Monate berechneten möglichen Sonnenscheinstunden an den vier hier in Betracht gezogenen Beobachtungsstationen, die in Tabelle 3 wiedergegeben sind, ersehen werden. In Graz sind die möglichen Sonnenscheinstunden in allen Monaten ein wenig größer als in Salzburg, was besagt, daß Graz einen etwas freieren Horizont besitzt. Auf dem Feuerkogel sind die möglichen Sonnenscheinstunden merklich größer als in Salzburg, woraus folgt, daß die Beobachtungsstelle auf dem Feuerkogel weniger von einer Horizontüberhöhung umgeben ist als in Salzburg.

Auf dem Sonnblick ist als Gipfelstation der Horizont nach allen Seiten frei, und die Zahl der möglichen Sonnenscheinstunden ist der astronomisch möglichen Sonnenscheindauer praktisch gleich.

Die Wirkung von Bewölkungsunterschieden, Horizontüberhöhungsunterschieden und Unterschieden im Trübungsgrad und Wasserdampfgehalt der Luft verursachen Abweichungen vom normalen Schönwetterjahresgang der Globalstrahlung und Unterschiede zwischen den einzelnen Stationen (Abb. 1). Aus den in Tabelle 1 wiedergegebenen Mittelwerten ist ersichtlich, daß die durchschnittlichen Tagessummen der Globalstrahlung in Salzburg und in Graz sich im Winter nicht viel voneinander unterscheiden, im Sommerhalbjahr aber in Salzburg wesentlich kleiner sind als in Graz, was vorwiegend auf Bewölkungsunterschiede zurückzuführen ist. Auf dem Feuerkogel ist die durchschnittliche Globalstrahlung zufolge geringerer Bewölkung und größerer Höhenlage in den Monaten des Winterhalbjahres größer als in Salzburg, in den Monaten Mai bis August aber wegen bedeutend größerer Bewölkung trotz größerer Höhenlage kleiner als in Salzburg. Auf dem Sonnblick sind die Tagessummen der Globalstrahlung in allen Monaten wesentlich höher als auf dem Feuerkogel, was auf die größere Höhenlage, aber auch darauf zurückzuführen ist, daß der Sonnblickgipfel zufolge seiner großen Höhe meist schon im oberen Bereich von Wolkendecken liegt, aber oft auch nur von ihn nicht sehr hoch überragenden Gipfelhauben eingehüllt ist, in die die Sonnenstrahlung tiefer eindringen kann und dadurch die diffuse Strahlung stark vermehrt. Die Unterschiede sind in den Monaten April bis Juni, in denen der thermische Auftrieb die Wolkenbildung auf hohen Berggipfeln am stärksten begünstigt, am größten. Im Mai ist die durchschnittliche Tagessumme der Globalstrahlung auf dem Sonnblick um 157 cal/cm², Tag größer als auf dem Feuerkogel. Im Vergleich zu Salzburg ist die durchschnittliche Tagessumme der Globalstrahlung auf dem Sonnblick in den Monaten März bis Mai um mehr als 100 cal/cm², Tag größer, und am größten ist der Unterschied mit durchschnittlich 145 cal/cm², Tag im April.

Die in Tabelle 2 wiedergegebenen mittleren Maxima der Tagessummen der Globalstrahlung in den einzelnen Monaten entsprechen annähernd dem Jahresgang der Globalstrahlung an wolkenlosen Tagen und übertreffen die durchschnittlichen Tagessummen beträchtlich, während andererseits die durchschnittlich kleinsten Tagessummen in allen Monaten und an allen Stationen nur sehr klein sind und diese Tage für eine Nutzung der Sonnenenergie natürlich nicht in Betracht kommen. In Tabelle 2 sind auch die in der ganzen Beobachtungszeit in den einzelnen Monaten nur einmal vorgekommenen größten und kleinsten Tagessummen der Globalstrahlung angegeben, die anzeigen, wie weit die durchschnittlichen Maxima noch überschritten und die durchschnittlichen Minima noch unterschritten werden können und wie groß die Schwankungsweite der Tagessummen der Globalstrahlung in den einzelnen Monaten sein kann.

Neben dieser Variationsbreite der Tagessummen der Globalstrahlung in den einzelnen Monaten ist aber für die Praxis der Nutzung der Sonnenenergie von Bedeutung, zu wissen, wie oft in den einzelnen Monaten Tage mit bestimmten Strahlungssummen zu erwarten sind. Darüber gibt die Tabelle 4 Auskunft, in der Häufigkeitsverteilungen der Tagessummen der Globalstrahlung in Klassenintervallen von je 50 cal/cm², Tag für jeden Monat wiedergegeben sind, die in Promillen die Erwartungswahrscheinlichkeit für die diesen Klassenintervallen entsprechenden Tagessummen angeben. In den Wintermonaten mit kurzen Tageslängen der Sonnenbahn und kleinen Sonnenhöhenwinkeln ist der Veränderlichkeit der möglichen Tagessummen bereits eine Schranke gesetzt, und es drängen sich daher die Häufigkeitswerte auf kleine Tagessummen, während in den Sommermonaten die Tagessummen über einen weiten Bereich streuen. Um eine anschauliche Darstellung der Art der Streuung der Häufigkeit der Tagessummen der Globalstrahlung in verschiedenen Zeiten des Jahres zu geben, sind in Abb. 2 die Häufigkeitsverteilungen für die drei Stationen Salzburg, Feuerkogel und Sonnblick im Durchschnitt der drei Monate November bis Jänner für die Zeit der kurzen Tageslängen und für die drei

Tabelle 4. Häufigkeitsverteilung der Tagessummen der Globalstrahlung in °/$_{00}$

cal/cm²	≦50	51–100	101–150	151–200	201–250	251–300	301–350	351–400	401–450	451–500	501–550	551–600	601–650	651–700	701–750	751–800	801–850
a) in Salzburg (1958–1975)																	
Jän.	260	333	290	111	6	—	—	—	—	—	—	—	—	—	—	—	—
Feb.	131	204	213	181	163	83	25	—	—	—	—	—	—	—	—	—	—
März	38	129	124	133	111	134	138	113	64	16	—	—	—	—	—	—	—
April	17	83	78	113	100	107	83	109	94	93	82	32	9	—	—	—	—
Mai	11	70	82	65	72	68	81	86	63	72	84	118	100	21	7	—	—
Juni	12	70	75	67	70	65	47	61	61	76	90	108	133	63	2	—	—
Juli	10	52	64	61	64	75	56	77	81	69	91	141	137	22	—	—	—
Aug.	18	70	70	68	70	63	73	95	104	158	134	75	2	—	—	—	—
Sept.	24	100	90	53	106	100	159	180	147	37	4	—	—	—	—	—	—
Okt.	127	142	121	127	194	192	91	6	—	—	—	—	—	—	—	—	—
Nov.	345	259	233	137	26	—	—	—	—	—	—	—	—	—	—	—	—
Dez.	427	326	245	2	—	—	—	—	—	—	—	—	—	—	—	—	—
b) auf dem Feuerkogel (1964–1975)																	
Jän.	176	311	314	179	20	—	—	—	—	—	—	—	—	—	—	—	—
Feb.	58	235	210	155	190	110	39	3	—	—	—	—	—	—	—	—	—
März	3	50	120	191	117	108	141	103	108	53	6	—	—	—	—	—	—
April	12	85	97	133	121	109	100	94	73	88	64	21	3	—	—	—	—
Mai	3	39	81	110	116	107	84	77	65	58	61	74	74	32	19	—	—
Juni	5	39	108	100	89	86	103	78	67	75	78	58	31	33	31	19	—
Juli	13	48	65	106	97	90	81	65	77	84	61	55	81	45	22	10	—
Aug.	6	79	90	90	118	72	79	82	72	79	88	94	42	9	—	—	—
Sept.	15	85	115	133	97	100	85	103	137	91	27	12	—	—	—	—	—
Okt.	68	170	150	73	132	205	123	73	6	—	—	—	—	—	—	—	—
Nov.	194	271	209	223	83	20	—	—	—	—	—	—	—	—	—	—	—
Dez.	324	251	351	74	—	—	—	—	—	—	—	—	—	—	—	—	—
c) auf dem Sonnblick (1958–1975)																	
Jän.	14	197	316	355	118	—	—	—	—	—	—	—	—	—	—	—	—
Febr.	—	32	148	187	230	238	112	53	—	—	—	—	—	—	—	—	—
März	—	—	7	66	93	145	181	186	133	117	63	9	—	—	—	—	—
Apr.	—	2	—	9	43	48	100	144	148	139	133	126	76	28	4	—	—
Mai	—	—	5	13	16	23	74	91	127	145	117	90	91	93	83	27	5
Juni	—	—	2	28	37	68	80	107	130	115	92	72	72	63	43	63	28
Juli	—	4	11	30	79	84	99	122	122	82	61	63	54	73	73	36	7
Aug.	—	18	29	59	124	115	115	104	93	86	80	66	61	39	11	—	—
Sept.	2	13	62	94	90	150	113	113	149	113	71	24	6	—	—	—	—
Okt.	5	25	120	136	138	215	212	124	25	—	—	—	—	—	—	—	—
Nov.	22	219	257	276	183	43	—	—	—	—	—	—	—	—	—	—	—
Dez.	25	306	364	303	2	—	—	—	—	—	—	—	—	—	—	—	—

cal/cm²	≤ 50	51–100	101–150	151–200	201–250	251–300	301–350	351–400	401–450	451–500	501–550	551–600	601–650	651–700	701–750	751–800	801–850
d) in Graz-Thalerhof (1964–1975)																	
Jän.	244	368	288	100	—	—	—	—	—	—	—	—	—	—	—	—	—
Feb.	67	200	227	220	196	78	12	—	—	—	—	—	—	—	—	—	—
März	32	89	85	125	125	145	173	145	81	—	—	—	—	—	—	—	—
April	10	53	53	87	107	113	123	117	117	127	70	23	—	—	—	—	—
Mai	6	42	31	33	42	56	84	100	98	156	114	131	73	31	3	—	—
Juni	3	21	49	39	55	58	67	109	79	106	118	127	139	30	—	—	—
Juli	—	21	33	39	33	36	52	70	130	152	161	140	109	24	—	—	—
Aug.	3	54	62	32	56	99	64	126	132	151	124	89	8	—	—	—	—
Sept.	31	83	72	94	106	97	172	206	103	36	—	—	—	—	—	—	—
Okt.	44	127	127	138	221	238	97	8	—	—	—	—	—	—	—	—	—
Nov.	279	218	242	209	52	—	—	—	—	—	—	—	—	—	—	—	—
Dez.	340	328	326	6	—	—	—	—	—	—	—	—	—	—	—	—	—

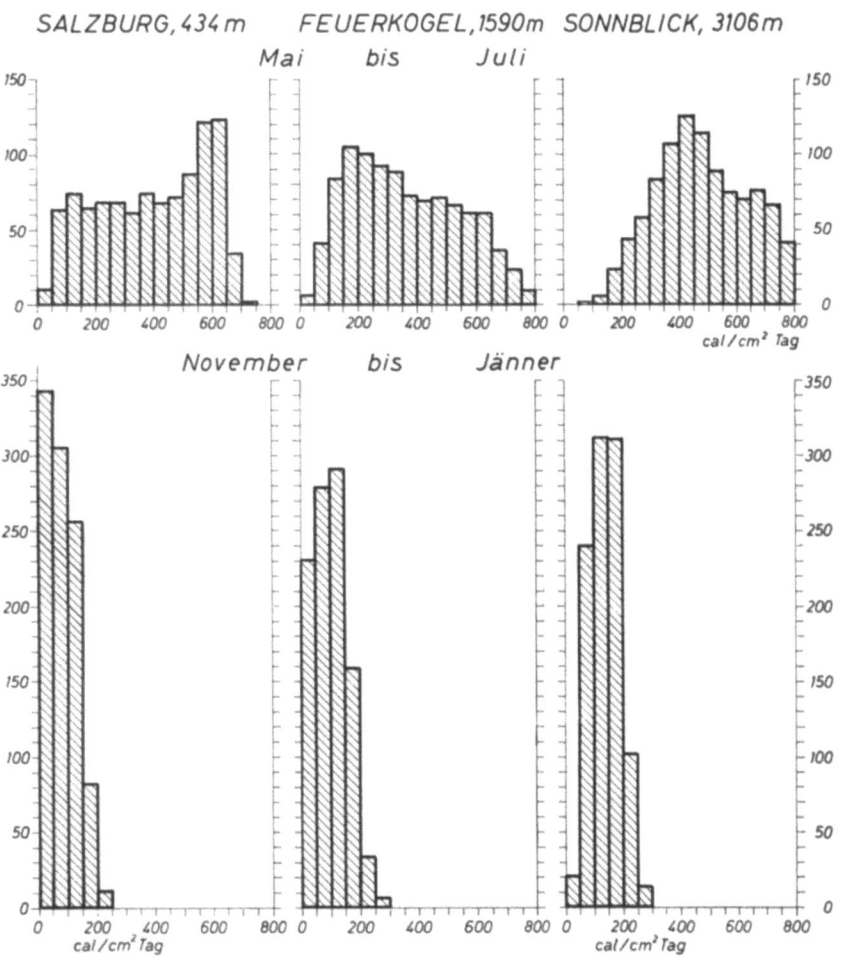

Abb. 2. Häufigkeitsverteilung der Tagessummen der Globalstrahlung in den Zeitabschnitten November bis Jänner und Mai bis Juli in Salzburg, auf dem Feuerkogel und auf dem Sonnblick (in ⁰/₀₀)

Monate Mai bis Juli für die Zeit der langen Tageslängen wiedergegeben. Daraus sind auch die Unterschiede dieser Häufigkeitsverteilungen in den verschiedenen Höhenlagen im Gebirge zu entnehmen.

Im Zeitraum der drei Monate mit kurzen Tageslängen und niedrigem Sonnenhöchststand fällt das Häufigkeitsmaximum der Tagessummen der Globalstrahlung in Salzburg mit 34% aller Tage auf Tagessummen unter 50 cal/cm², auf dem Feuerkogel mit 29% auf 101 bis 150 cal/cm² und auf dem Sonnblick mit je 31% auf 101 bis 150 cal/cm² und auf 151 bis 200 cal/cm². Die Häufigkeit kleiner Tagessummen mit weniger als 50 cal/cm² nimmt in dieser Zeit mit der Höhe stark ab, und zwar von 34% in Salzburg auf 23% auf dem Feuerkogel und auf 2% auf dem Sonnblick, während die Häufigkeit von Tagessummen mit 201 bis 250 cal/cm² mit der Höhe zunimmt von 1% in Salzburg auf 3% auf dem Feuerkogel und auf 10% auf dem Sonnblick.

Im Zeitabschnitt der drei Monate mit langen Tageslängen und großem Höchststand der Sonne sind die Tagessummen über einen sehr weiten Bereich gestreut und erreichen ihr Häufigkeitsmaximum in Salzburg mit je 12% in den Bereichen von 551 bis 600 cal/cm² und 601 bis 650 cal/cm², auf dem Feuerkogel mit 11% bei 151 bis 200 cal/cm² und auf dem Sonnblick mit 13% bei 401 bis 450 cal/cm². Tagessummen mit mehr als 650 cal/cm² kommen in diesem Zeitabschnitt in Salzburg an 4%, auf dem Feuerkogel an 7% und auf dem Sonnblick noch an 20% aller Tage vor, während Tagessummen unter 50 cal/cm² in diesem Zeitabschnitt auf dem Sonnblick noch nie und Tagessummen mit 51 bis 100 cal/cm² nur einmal beobachtet worden sind.

Um für die praktische Nutzung der Strahlungsenergie eine bessere Übersicht über die Verteilung der zur Verfügung stehenden Strahlungssummen über das Jahr zu geben, wird im folgenden noch angegeben, in welchen Monaten die Häufigkeitsmaxima und Häufigkeitsminima der Tage mit Globalstrahlungssummen unter 100 cal/cm², mit Tagessummen mit 101 bis 300 cal/cm², mit Tagessummen von 301 bis 500 cal/cm² und mit Tagessummen über 500 cal/cm² an den vier hier in Betracht gezogenen Stationen vorgekommen sind und wie groß die prozentuellen Erwartungswerte für diese Extremwerte der Häufigkeit dieser Tagessummen der Globalstrahlung sind.

Das Häufigkeitsmaximum der Tagessummen unter 100 cal/cm² fällt an allen vier Stationen auf den Dezember, und zwar mit 75% in Salzburg, mit 67% in Graz, mit 58% auf dem Feuerkogel und mit 33% auf dem Sonnblick. Am seltensten kommen Tagessummen unter 100 cal/cm² in Salzburg mit 6% und in Graz mit 2% im Juli und auf dem Feuerkogel mit 4% im Mai vor; auf dem Sonnblick sind so kleine Tagessummen in den Monaten März, Mai und Juni überhaupt noch nie beobachtet worden.

Die Häufigkeiten von Tagessummen mit 101 bis 300 cal/cm² weisen im Jahresverlauf zwei Maxima auf, und zwar in Salzburg mit 64% im Februar und 63% im Oktober, in Graz mit 72% im Februar und 72% im Oktober, auf dem Feuerkogel mit 66% im Februar und 56% im Oktober und auf dem Sonnblick mit 80% im Februar und 76% im November. Zwischen diesen Häufigkeitsmaxima liegen Häufigkeitsminima von Tagessummen mit 101 bis 300 cal/cm² in Salzburg mit 25% im Dezember und 26% im Juli, in Graz mit 14% im Juli und 33% im Dezember, auf dem Feuerkogel mit 36% im Juli und 42% im Dezember und auf dem Sonnblick mit 6% im Mai und 67% im Dezember.

Auch die Häufigkeiten von Tagessummen mit 301 bis 500 cal/cm² weisen im Jahresverlauf zwei Maxima auf, und zwar in Salzburg mit 52% im September und 38% im April, in Graz mit 52% im September und 44% im Mai, auf dem Feuerkogel mit 42% im September und 40% im März und auf dem Sonnblick mit 62% im März und 49% im September. Zwischen diesen Maxima liegen Häufigkeitsminima mit 24% im Juni in Salzburg, mit 36% im Juni in Graz, mit 28% im Mai auf dem Feuerkogel und mit 40% im August auf dem Sonnblick, während Tagessummen über 300 cal/cm² in den Monaten November bis Jänner nicht vorkommen.

Die Häufigkeiten von Tagessummen der Globalstrahlung über 500 cal/cm² weisen nur eine einfache Welle im Jahresgang auf mit einem Häufigkeitsmaximum von 40% im Juni in Salzburg, von 43% im Juli in Graz, von 27% im Juli auf dem Feuerkogel und von 51% im Mai auf dem Sonnblick. Tagessummen der Globalstrahlung über 500 cal/cm² kommen in Salzburg in den Monaten Oktober bis März, in Graz von September bis März, auf dem Feuerkogel und auf dem Sonnblick von Oktober bis Februar überhaupt nicht vor.

Literatur

[1] Steinhauser, F.: Geophysikalische Voraussetzungen für die Verwendung der Strahlungsenergie der Sonne. Elektrotechnik und Maschinenbau **94**, 2—14 (1977).
[2] Steinhauser, F., O. Eckel und F. Lauscher: Klimatographie von Österreich. Österr. Akademie d. Wissenschaften. Denkschriften d. Gesamtakademie, Bd. 3, 1. Lieferung. Beitrag von F. Sauberer und Inge Dirmhirn: Das Strahlungsklima, S. 13—102, Wien 1958.
[3] Ergebnisse von Strahlungsmessungen in Österreich. Herausgegeben von der Zentralanstalt für Meteorologie und Geodynamik, Wien 1957ff.
[4] Steinhauser, F.: Tages- und Jahresgang der Sonnenscheindauer in Österreich (1929—1968). Arbeiten aus d. Zentralanstalt für Meteorologie und Geodynamik. Heft 12, Wien 1973.

Hundert Jahre Wetterbeobachtungen in Rauris

Von Adele und Friedrich Lauscher, Wien

Historische Einleitung

Das Klima des Landes Salzburg wurde schon in Werken des vorigen Jahrhunderts skizziert [1, 2, 3]. Das amtliche Meßnetz begann im Jahre 1853 mit der Gründung der meteorologischen Stationen Badgastein und Salzburg. Die Wetteraufschreibungen in Rauris (47° 13′ N, 13° 00′ E, 945 m) setzten 1875 ein. Zu jener Zeit gab es die nachstehend genannten 13 Meßstellen im Lande Salzburg, für die auch die Betriebszeiten von der Gründung bis zur Gegenwart angegeben sind (M = Meteorologische Station, N = Niederschlagsmeßstelle):

Abtenau, 710 m, M 1875—1889, 1891—1904, N 1905—1962, M 1963—
Badgastein, 974 m, M 1853—
Böckstein, 1123 m, M 1862—1863, 1866—1867, 1882—1883
(Dürnberg, 732 m, N 1874—1878)
Hallein, 450 m, M 1869—1878, N 1880—1921, 1923—1944, 1946, M 1947—
Hofgastein, 860 m, M 1857—1859, 1928—1935, 1947—1948
St. Johann im Pongau, 595 m, M 1872—1880, 1942—1944
St. Michael im Lungau, 1068 m, M 1874—1875, 1877—1878, N 1895—1907, 1909 bis 1923, 1927—1944, 1946—1967, M 1968—
Rauris, 945 m, M 1875—1904, N 1905—1922, M 1923—1924, N 1925—1928, M 1929—
Salzburg, 420 m, M 1853—1869, N 1871—1872, M 1873—
Tamsweg, 1003 m, M 1866—1881, N 1882—1918, M 1919—1938, N 1939—1940, M 1941—
Werfen, 547 m, M 1875—1879
Zell am See, 762 m, M 1875—

Die Wetteraufzeichnungen in Rauris werden seit mehr als hundert Jahren gemacht, allerdings wurde abschnittsweise nur der Niederschlag gemessen und die Schneedecke notiert. Die Temperatur- (und Bewölkungs-)werte für Oktober 1904 bis Ende 1923 und für September 1924 bis September 1929 wurden sinngemäß ergänzt mit Hilfe der Beobachtungen in Badgastein. Auch die Daten von Bucheben waren hierbei von Nutzen.

Aus den Akten der Zentralanstalt für Meteorologie und Geodynamik in Wien und mit freundlicher Unterstützung durch die Hydrographische Landesabteilung in Salzburg konnte die nachstehende Ehrentafel der Wetterbeobachter in Rauris erarbeitet werden:

Sept. 1875 bis Aug. 1892   M. Pelzler, Wundarzt
Sept. 1892 bis Sept. 1904   A. Schernthaner, Gasthofbesitzer
Aug. 1904 bis März 1905   Dr. Wagl

April 1905 bis Juni 1924   Hans Bendl
Sept. 1923 bis Aug. 1924   Anton Hochleithner, Förster i. R.
Juli 1924 bis März 1944   Georg und Theresia Rasser
Okt. 1929 bis Feb. 1933   Therese Mädl, Förstersgattin
März 1933 bis 14. Aug. 1935   Cäcilia und Leopold Jebinger, Postmeister
15. Aug. 1935 bis Nov. 1946   Anton und Maria Schattauer, Briefträger
April 1944 bis April 1949   Synoptische Station, besetzt mit wechselnden hauptamtlichen Beobachtern, u. a. Berta Binder, Hans Egger, Walter Großmann, Richard Gruber, Kurt Heiter, Kurt Kobliha, Josef Mayr
Mai 1949 bis 10. Mai 1961   Siegmund Narholz, Schuldirektor i. R., und Tochter Mathilde
Seit 11. Mai 1961   Georg Rohrmoser, Postbeamter

Die Lage der Meßplätze im Ort und in seiner nächsten Umgebung hat mehrfach gewechselt, was sich aber nur in den Windbeobachtungen deutlich bemerkbar macht. Am Ausgang des Gaisbachtales, bei der Häuslmühle, lag die Station Schernthaners ab 15. Juli 1901. Auch Schattauers Meßgeräte befanden sich in dieser Gegend, aber näher zum Ort. Hochleithners Station war beim Forstgebäude am Nordausgang des Dorfes untergebracht. Auch das Wohnhaus Narholz war am Nordrand des Ortsgebietes. Das Haus Herrn Rohrmosers steht am Nordostrand (Grub 8). Mitten im Ort, im Gemüsegarten des Hotels Post beim Kirchenplatz, war die synoptische Station.

Zur Meßmethodik

Im Laufe der hundert Jahre hat die Methodik der Messungen von Temperatur und Feuchtigkeit eine starke Verbesserung erfahren. Nachstehende Notizen skizzieren dies:

1883: Einem Inspektionsbericht kann man entnehmen, daß sich das Thermometer an einem Pflocke in 1,1 m über dem Boden befand, und zwar in einem drehbaren oberen Teil des Pflockes. Ein an diesem Drehkopf befestigtes Dach mit Brettchen auf beiden Seiten sollte als Regen- und Sonnenschutz dienen. Der Beobachter sollte den Kopf tagsüber so drehen, daß die Sonne nie auf das Thermometer scheinen konnte.

1892: Im Zuge der Übersiedlung der Station am 30. August wurde das Thermometer — und nun auch ein Feuchtthermometer — in einem Wandgehäuse, 40 cm von der Wand entfernt, untergebracht, und zwar zuerst in Richtung ESE, wenig später jedoch in Richtung N, wobei außerdem noch eine Jalousie gegen die Frühsonne hinzukam.

1923: Am 5. September wurde eine von der aufgelassenen Station Bucheben herangeschaffte große Jalousienholzhütte mit Trocken- und Feuchtthermometer und Haarhygrometer aufgestellt.

1929: Die Feuchtemessung wurde durch einen Aspirator verbessert.

1931: Extremthermometer kamen in Verwendung.

Hier sei sogleich eingefügt, daß die vor 1931 aus den Terminablesungen erhaltenen Extremwerte, wie folgt zu korrigieren sind: Maxima + 1,2° C, Minima — 1,3° C.

1971: Der Abendtermin wurde von 21 Uhr auf 19 Uhr vorverlegt.

Von Interesse mag noch sein, daß bei Inspektionen des vorigen Jahrhunderts mehrfach festgestellt wurde, daß das Thermometer um 0,1 bis 0,3° C zu hoch zeigte. Ferner findet sich im Inspektionsbericht von 1883 eine Notiz, daß der Niederschlag um 14 Uhr gemessen und dem Tag der Messung zugeschrieben wurde. (Die Vordrucke der ZAfMuG enthalten erst ab 1890 den Hinweis, der Niederschlag sei um 7 Uhr — spätestens 8 Uhr — zu messen und dem Vortag zuzuschreiben.) Dies ist zu beachten, wenn man etwa die Tage größter Niederschlagsmengen aus alten Zeiten sucht.

Hauptergebnisse

Tab. 1 enthält auf hundert Jahre komplettierte Durchschnitts- und Extremwerte für die drei klimatischen Hauptelemente Temperatur in °C, Niederschlag in mm Wasserwert und Bewölkung in Zehnteln der Himmelsfläche. Den Chronisten werden die den Extremen beigefügten Jahresangaben interessieren. Für acht weitere Elemente konnten die Daten nur aus kürzeren Meßreihen zusammengestellt werden, immerhin meistens im Mittel vieler Jahrzehnte.

Tab. 2 bringt für 20 verschiedene, in der Klimatologie übliche Auszählungsgrößen die Jahreswerte sowie die extremen Jahreswerte mit Angabe der betreffenden Jahre. Stets ist beigefügt, aus wie vielen Jahren die Beobachtungsdaten stammen.

Teil a) der Tab. 3 bietet durchschnittliche und extreme Kalenderdaten der jährlichen Temperaturextreme, der größten Tagesmenge des Niederschlags und des Endes und Wiederbeginns der Zeit mit Frösten. Teil b) enthält die mittleren und extremen Schneedaten der Winter in der beim Hydrographischen Dienst in Österreich üblichen Form der Zusammenfassung nach physischen Wintern.

Schließlich wurde auch eine Tabelle für den Zeitraum 1941—1970 (Tab. 4) gesondert aufgestellt, erstens, um für viele Größen die Monatsdaten zu bringen, und zweitens, um einen direkten Vergleich mit den analogen Tabellen für österreichische Höhenorte aus [4] zu ermöglichen. Besonders hingewiesen sei auf die Tab. XI (Sonnblick, 3106 m) und IX (Schmittenhöhe, 1964 m) in [4].

Auf das Vorliegen vieler weiterer Beobachtungen und Auswertungen aus Rauris kann hier nur allgemein verwiesen werden. Erwähnt seien nur die vielen Registrierungen, die Messungen der Schneedichte, Ausarbeitungen über Starkregen usw. Auch würde es zu weit führen, all die Schriften aufzuzählen, in denen Rauriser Daten aus langen Jahrzehnten für wissenschaftliche und praktische Zwecke Verwendung fanden.

Diskussion der Tabellen

Lufttemperatur: Als absolute Extreme sind genannt: 34,0° C am 10. August 1956 und —29,9° C am 13. Jänner 1893. In der Regel liegen die Jahresextreme zwischen —21,7° C um den 17. Jänner und 30,6° C um den 18. Juli. Von Jahr zu Jahr können jedoch die Daten des Vorkommens der Temperaturextreme bedeutend schwanken, bei den Tiefstwerten von November bis März, bei den Höchstwerten von Mai bis August.

Daß der Temperaturanstieg vom vorigen zu unserem Jahrhundert in Rauris geringer war als etwa in Zell am See [5], ist vielleicht meßmethodisch bedingt (siehe die Hinweise im Abschnitt zur Meßmethodik). Rein rechnerisch ergeben sich für Abschnitte von je 25 Jahren die durchschnittlichen Jahreswerte der Lufttemperatur zu 5,35°, 5,34°, 5,73° und 5,42° C. Der Wert für 1876—1900 dürfte um vielleicht 0,3° C zu hoch sein. Unverkennbar ist das leichte Absinken der Jahresmitteltemperaturen seit dem wärmsten Jahr 1959 mit 7,0° C. Seitdem gab es z. B. schon ein Jahr mit einem Mittel von nur 4,2° C, nämlich 1962. Dieser Betrag ist gleich hoch wie der in den früheren Jahren kleinster Mitteltemperatur 1887 und 1917.

Der wärmste Monat war der Juli 1938 mit 19,6° C, der kälteste der Februar 1956 mit —12,6° C. Oft folgen Extreme bald aufeinander, wie z. B. der mit einem Mittel von —3,0° C kälteste März 1958 und der mit einem Mittel von +5,5° C wärmste März 1959.

Die Tagesschwankung der Temperatur beträgt rund 9 bis 12° C. Zwischen dem 2. Oktober und dem 10. Mai muß man durchschnittlich mit Nachtfrösten rechnen. Die

Tabelle 1. Monatliche und jährliche Durchschnitts- (D) und Extremwerte (Max., Min.) der klimatischen Hauptelemente von Rauris nach Beobachtungen aus 1876—1975

Unter den Extremwerten stehen die betreffenden Jahre unter Weglassung des Jahrhunderts, z. B. 76 = 1876, 00 = 1900, 75 = 1975

	Jän.	Feb.	März	April	Mai	Juni	Juli	Aug.	Sept.	Okt.	Nov.	Dez.	Jahr
Lufttemperatur, °C													
D	−4,9	−3,0	1,1	5,7	10,2	13,2	14,8	14,0	11,1	6,1	0,8	−3,6	5,5
Max.	−0,6	1,8	5,5	9,8	13,8	16,5	19,6	17,6	14,7	10,7	5,7	1,3	7,0
Jahr	98	26	59	61	58	77	38	44	32	42	26	34	59
Min.	−10,6	−12,6	−3,0	1,3	6,1	9,0	10,5	11,5	5,0	0,7	−3,2	−10,4	4,2
Jahr	93	56	58	17	02	23	13	12	12	05	12	79	87, 17 62
Niederschlag, mm Wasserwert													
D	50	45	46	60	85	126	150	143	94	70	58	56	982
Max.	148	188	166	160	222	254	268	340	218	212	183	240	1373
Jahr	51	35	56	07	65	59	54	66	99	64	47	80	66
Min.	2	2	0	13	19	49	53	39	13	3	4	2	691
Jahr	94	95	92	46	81	30	11	47	95	65	53	32	79
Bewölkung in Zehnteln der Himmelsfläche													
D	5,4	5,5	5,7	6,3	6,5	6,6	6,2	5,8	5,3	5,1	5,6	5,5	5,8
Max.	8,2	8,1	7,7	8,4	8,2	8,6	7,7	7,7	7,3	8,2	8,5	8,3	6,8
Jahr	00	70	47	72	65	41	77, 88	80	89	81	48	47	77
Min.	1,7	2,3	3,3	3,8	3,9	4,7	4,3	4,0	2,9	1,5	2,9	2,8	4,7
Jahr	64	59	43	93	45	35	80	42	98	65	53	72	29
Lufttemperatur, Mittlere tägliche Extreme (1931−1975 = 45 Jahre)													
Max.	0,8	2,9	7,5	12,4	17,0	20,0	21,8	21,6	18,9	13,2	6,3	1,5	12,0
Min.	−9,7	−8,1	−3,9	0,7	4,4	7,6	9,4	8,9	6,2	1,1	−2,6	−7,7	0,5
Relative Feuchtigkeit, % (aus 74 Jahren)													
D	80	76	72	70	70	73	74	76	77	78	81	82	76
Max.	92	90	80	79	79	83	82	83	84	98	93	94	81
Jahr	04	01	00	31, 59	33	93	72	31	92, 31 66	92	92	03	31
Min.	63	65	60	59	60	67	64	71	67	69	73	71	70
Jahr	91	91	45	46	46	60	94	92, 42 43, 59	59	69	57	57	45
Sonnenauf- und Untergang zur Monatsmitte													
Auf	9,9	8,4	7,8	7,2	6,6	6,2	6,5	7,0	7,6	8,0	9,4	10,6	Uhr
Unter	14,6	15,2	16,1	17,0	17,7	17,9	17,8	17,3	16,4	15,4	14,8	14,6	Uhr
Sonnenscheindauer, Stunden (1948−1975 = 28 Jahre)													
D	66	90	134	147	169	163	182	177	160	132	73	54	1547
Max.	121	152	182	198	244	207	252	214	207	205	109	92	1668
Jahr	64	59	53, 72	71	50	57	71	71	59	65	53	72	61
Min.	37	53	94	94	108	115	132	135	106	63	48	29	1301
Jahr	51	52	64	72	65	74	72	55	52	60, 74	60	54	60

	Jän.	Feb.	März	April	Mai	Juni	Juli	Aug.	Sept.	Okt.	Nov.	Dez.	Jahr
Sonnenscheindauer, % der örtlich möglichen Dauer													
D	45	49	51	49	49	47	51	55	59	58	45	44	51
Max.	68	72	71	67	70	58	71	67	77	90	70	64	58
Min.	27	26	36	32	31	33	37	41	39	28	29	24	44
Globalstrahlung (1937–1946 = 10 Jahre)													
Tagessummen in cal/cm² : a) an wolkenlosen Tagen, b) an sonnenlosen Tagen													
a)	134	245	398	562	680	715	702	620	476	300	160	102	424
b)	55	82	117	168	210	226	218	190	150	98	59	41	134
Monatssummen in Cal/cm² bei der tatsächlichen Bewölkung													
D	2,7	4,5	8,7	11,5	14,4	14,6	14,4	10,2	9,6	6,2	3,3	2,0	102,0
Maximale Schneehöhe, cm (1938–1975 = 38 Jahre)													
D	39	41	30	9	3	1	–	–	0,3	7	13	26	52
Max.	83	87	71	47	40	25	–	–	4	46	40	55	87
Jahr	51	52	55	75	44	56	–	–	43, 45	56	52	54	52
Min.	5	9	0	0	0	0	–	–	0	0	0	3	18
Jahr	64	72	–	–	–	–	–	–	–	–	57	72	72

Tabelle 2. Durchschnittliche (D) und extreme (Max., Min.) Werte klimatischer Elemente in Rauris nach Beobachtungen aus 1876—1975
(n) = Anzahl der Jahre mit vollständigen Beobachtungen. Nach den Extremen stehen in Klammern die betreffenden Daten bzw. Jahre

Element	D	(n)	Max.		Min.	
A. Temperatur, °C						
Jahreshöchstwert	30,6	(74)	34,0	(10. Aug. 1956)	26,9	(23. Juli 1876)
Jahrestiefstwert	−21,7	(72)	−14,0	(23. Dez. 1974)	−29,9	(13. Jän. 1893)
Eistage (Max. negativ)	38	(44)	60	(1935)	10	(1974)
Frosttage (Min. negativ)	155	(44)	191	(1962)	129	(1930)
Sommertage (Max. über 25°)	31	(37)	59	(1947)	11	(1955)
B. Niederschlag, mm Wasserwert						
Größte Tagesmenge	47	(96)	96	(4. Nov. 1966)	27	(14. Juli 1893)
Tage mit mind. 0,1 mm	152	(71)	230	(1966)	108	(1898)
Tage mit mind. 1,0 mm	128	(59)	159	(1889)	102	(1971)
Tage mit Schneefall	54	(71)	97	(1970)	15	(1942)
Tage mit Schneedecke	114	(65)	185	(1917)	72	(1959)
Tage mit Gewitter	18	(69)	32	(1963)	7	(1944)
Tage mit Hagel	0,7	(42)	4	(1902)	0	
Tage mit Tau	90	(35)	144	(1969)	44	(1955)
Tage mit Reif	38	(35)	70	(1948)	9	(1942)
C. Bewölkung						
Heitere Tage	67	(44)	117	(1943)	32	(1960)
Trübe Tage	126	(44)	153	(1944)	97	(1951)
Tage mit Nebel	20	(47)	62	(1944)	2	(1974, 1975)

Element	D	(n)	Max.	Min.
D. Wind, m/s				
Jahresmittel	2,0	(44)	3,2 (1961)	1,2 (1936, 1947)
Tage mit ztw. mind. 10 m/s	18,7	(51)	42 (1973)	0 (1936)

Häufigkeit der Windrichtungen und Windstillen in Promille

N	NE	E	SE	S	SW	W	NW	C
105	137	101	81	63	71	98	232	112

Tabelle 3. Durchschnittliche (D) und extreme (Max., Min.) Daten klimatischer Elemente in Rauris nach Beobachtungen aus 1876—1975
(n) = Anzahl der Jahre

a)	Temp.-Min.	Letzter Frost	Größte Tagesmenge des Niederschlags	Temp.-Max.	Erster Frost
D	17. 1.	10. 5.	16. 7.	18. 7.	2. 10.
(n)	(72)	(41)	(96)	(74)	(41)
Max.	6. 3. 1971	9. 6. 1962	13. 12. 1918	28. 8. 1960	8. 9. 1938
Min.	24. 11. 1975	7. 4. 1952	3. 1. 1932	14. 5. 1969	10. 11. 1942

b) Schneedaten der Winter 1900/01 bis 1974/75 (n = 75)

- 1 = Datum der ersten Schneedecke
- 2 = Datum der letzten Schneedecke,
- 3 = Beginn der Winterdecke,
- 4 = Ende der Winterdecke,
- 5 = Zahl der Tage mit Schneedecke,
- 6 = Dauer der Winterdecke,
- 7 = Zahl der Tage mit Neuschnee,
- 8 = Neuschneesumme in cm
- 9 = Größte Schneehöhe in cm
- 10 = Datum der größten Schneehöhe

	1	2	3	4	5	6	7	8	9	10
D	5. 11.	14. 4.	9. 12.	17. 3.	119	98	44	210	51	2. 2.
Max	21. 12. 1953	2. 6. 1975	18. 2. 1925	20. 4. 1907	160 1944	156 1944	71 1907	383 1907	89 1907	17. 4. 1921
Min	11. 9. 1937	25. 2. 1928	25. 10. 1905	24. 12. 1971	52 1959	28 1939	18 1972	67 1964	14 1964	2. 11. 1958

Tabelle 4. Klimatabelle der Station Rauris, 945 m (1941—1970)

	Jän.	Feb.	März	April	Mai	Juni	Juli	Aug.	Sept.	Okt.	Nov.	Dez.	Jahr
Lufttemperatur, °C													
Mittel	−5,1	−2,9	1,4	6,3	10,3	13,5	14,9	14,2	11,8	6,5	1,1	−3,6	5,7
7 Uhr	−7,4	−6,0	−2,2	2,6	6,9	10,4	11,4	10,8	7,7	2,4	−0,9	−5,4	2,5
14 Uhr	−1,5	0,9	5,9	11,4	15,4	18,6	20,2	19,7	18,2	13,3	5,0	−0,3	10,5
21 Uhr	−5,8	−3,3	1,0	5,6	9,5	12,5	13,9	13,2	10,6	5,1	0,2	−4,3	4,8
Höchstes Monats- und Jahresmittel													
	−1,2	0,9	5,5	9,8	13,8	15,3	17,2	17,6	14,4	10,7	4,2	−0,2	7,0
Jahr	1948	1945	1959	1961	1958	1950	1958	1944	1958	1942	1963	1954	1959

	Jän.	Feb.	März	April	Mai	Juni	Juli	Aug.	Sept.	Okt.	Nov.	Dez.	Jahr
Tiefstes Monats- und Jahresmittel													
	−9,5	−12,6	−3,0	2,2	7,4	10,9	11,3	12,2	8,6	3,9	−1,6	−8,6	4,2
Jahr	1942	1956	1958	1970	1957	1956	1943	1966	1952	1964	1956	1969	1962
Absolutes Maximum													
	12,5	15,0	20,3	25,8	30,1	31,9	33,9	34,0	30,1	25,0	20,5	13,4	34,0
Jahr	1959	1943	1947	1947	1969	1950	1957	1956	1947	1942	1968	1953	1956
Absolutes Minimum													
	−27,5	−28,0	−20,8	−11,8	−7,0	−1,4	0,8	0,6	−3,5	−11,0	−26,1	−24,3	−28,0
Jahr	1963	1956	1963	1970	1944	1962	1970	1963	1954	1950	1966	1962	1956
Durchschnittliches tägliches Maximum													
	−0,2	2,6	7,5	12,4	17,0	20,1	21,8	21,6	19,2	13,7	6,1	1,0	11,9
Durchschnittliches tägliches Minimum													
	−9,9	−7,8	−3,8	1,0	4,4	7,8	9,6	9,0	6,4	1,4	−2,4	−7,8	0,7
Frosttage (Minimum ≦ 0°)													
	30,2	26,5	23,6	10,7	2,4	0,2	—	—	0,6	13,6	21,9	29,4	159,1
Eistage (Maximum ≦ 0°)													
	14,8	7,8	2,8	0,1	—	—	—	—	—	0,1	2,6	12,5	40,7
Relative Luftfeuchtigkeit, %													
Tagesmittel	79	75	70	69	69	72	73	75	75	76	80	82	75
7 Uhr	86	85	85	87	88	89	91	91	92	91	88	88	88
14 Uhr	68	62	53	49	48	50	52	53	52	55	66	72	57
21 Uhr	83	78	72	71	71	77	76	81	81	82	86	86	79
Größtes Monats- und Jahresmittel													
	88	83	77	79	76	79	79	82	84	84	86	89	78
Kleinstes Monats- und Jahresmittel													
	68	68	60	59	60	67	67	71	67	69	73	71	70
Dampfdruck, mm Hg													
Tagesmittel	2,5	2,8	3,5	4,9	6,5	8,3	9,3	9,1	7,8	6,0	4,1	2,9	5,6
7 Uhr	2,3	2,5	3,3	4,9	6,6	8,4	9,3	8,9	7,3	5,0	3,8	2,7	5,4
14 Uhr	2,8	3,0	3,7	5,0	6,4	8,0	9,3	9,1	8,3	6,5	4,4	3,2	5,8
21 Uhr	2,5	2,8	3,5	4,8	6,4	8,6	9,2	9,2	7,8	5,5	4,0	2,9	5,6
Größtes Monats- und Jahresmittel													
	3,5	3,9	5,0	5,9	8,0	9,5	10,4	10,3	8,9	7,0	4,8	3,9	6,1
Kleinstes Monats- und Jahresmittel													
	1,6	1,3	2,4	3,7	5,2	7,1	8,3	8,0	6,5	4,6	3,4	2,2	5,1
Bewölkung (Zehntel der Himmelsfläche)													
Tagesmittel	5,8	6,0	5,7	6,2	6,4	6,7	6,3	5,9	5,1	4,6	6,0	5,8	5,9
7 Uhr	6,4	6,3	6,3	6,4	6,4	6,5	5,7	5,8	5,5	5,3	6,5	6,3	6,2
14 Uhr	5,6	6,0	5,6	6,3	6,5	6,3	6,1	5,7	4,7	4,5	5,9	5,5	5,8
21 Uhr	5,3	5,8	5,2	6,0	6,4	7,2	7,1	6,2	5,1	4,0	5,6	5,5	5,8

	Jän.	Feb.	März	April	Mai	Juni	Juli	Aug.	Sept.	Okt.	Nov.	Dez.	Jahr
Größtes Monats- und Jahresmittel													
	7,4	8,1	9,1	8,0	8,2	8,6	7,7	7,6	7,1	7,1	8,5	8,3	6,6
Kleinstes Monats- und Jahresmittel													
	1,7	2,3	3,3	4,6	3,9	4,9	4,8	4,6	3,0	1,5	2,9	3,3	5,0
Trübe Tage (Bewölkung ≧ 8)													
	10,8	9,8	11,0	11,2	11,9	11,1	11,6	9,9	8,6	7,9	9,8	12,1	125,7
Maximum	18	17	18	18	18	19	16	15	17	16	16	18	153
Minimum	3	3	6	3	4	0	5	3	3	0	4	6	97
Heitere Tage (Bewölkung ≦ 2)													
	6,2	5,6	5,9	4,0	2,5	2,2	3,8	4,4	7,8	11,0	5,7	6,7	65,8
Maximum	23	18	14	10	9	5	7	9	16	21	16	13	117
Minimum	1	0	2	0	0	0	1	1	2	0	1	1	32
Tage mit Nebel													
	2,6	1,1	1,2	0,6	0,1	0,3	0,3	0,6	0,5	1,0	1,6	2,4	12,3
Sonnenschein (Sept. 1948–Dez. 1970)													
Stunden	66	90	134	147	169	163	182	177	160	132	73	54	1547
Maximum	121	152	182	195	244	207	215	211	207	205	109	79	1668
Minimum	37	53	94	101	108	129	132	135	106	63	46	29	1301
Effektiv mögliche Dauer, %													
	45	49	51	49	49	47	51	55	59	58	45	44	51
Niederschlag, mm													
Mittel	54	49	46	62	94	135	165	150	88	70	67	60	1040
Maximum	148	158	166	109	222	254	268	340	139	212	183	183	1373
Jahr	1951	1970	1956	1970	1965	1959	1954	1966	1945, 1965	1964	1947	1961	1966
Minimum	5	5	8	13	32	66	102	74	29	3	4	9	824
Jahr	1964	1963	1953	1946	1946	1941, 1950	1963	1944	1947	1965	1953	1963	1953
Tage mit Niederschlag ≧ 0,1 mm													
	11,7	11,7	11,1	12,9	15,4	17,7	19,1	18,2	13,2	10,5	11,4	12,0	164,9
Maximum	20	22	20	20	25	24	25	27	23	21	24	24	230
Minimum	3	2	1	6	9	8	12	7	5	1	3	5	110
Tage mit Niederschlag ≧ 1,0 mm													
	7,3	8,8	7,9	9,6	12,1	14,9	16,1	14,8	10,0	8,0	8,7	8,8	127,0
Tage mit Schneefall													
	11,3	10,8	7,4	5,1	1,3	0,2	–	0,1	0,7	1,8	6,5	10,6	55,8
Tage mit Schneedecke													
	30,5	26,8	19,8	2,7	0,5	0,2	–	–	0,2	2,0	8,9	23,3	114,9
Tage mit Gewitter													
	0	0,0	0,1	0,4	1,9	4,8	6,3	4,6	1,4	0,2	0,1	0,0	19,8

	Jän.	Feb.	März	April	Mai	Juni	Juli	Aug.	Sept.	Okt.	Nov.	Dez.	Jahr
Häufigkeit der Windrichtungen, %													
N	10	13	14	16	18	15	13	12	15	13	14	10	14
NE	12	14	11	13	16	16	16	15	14	11	12	10	13
E	14	13	12	11	9	10	10	11	13	13	12	14	12
SE	19	14	14	10	9	7	6	8	9	11	13	17	11
S	7	8	10	10	8	5	4	5	7	8	9	6	7
SW	5	4	6	5	4	2	2	5	4	7	4	3	4
W	5	4	3	3	3	4	6	4	2	2	3	5	4
NW	17	20	21	23	24	28	27	24	21	22	21	18	22
Windstille	11	10	9	9	9	13	16	16	15	13	12	17	13
Mittlere Windgeschwindigkeit, m/sec													
	2,2	2,1	2,4	2,6	2,3	1,9	1,8	1,9	2,1	2,0	1,9	1,9	2,1

extremen Daten waren der 8. September 1938 und der 9. Juni 1962. Bei durchschnittlich 155 „Frosttagen" (Temperaturminimum negativ) gibt es regulär 38 „Eistage" (auch Temperaturmaximum negativ).

Niederschlag: Der hundertjährige Durchschnitt von 982 mm pro Jahr dürfte nach Vergleichen mit Zell am See [5] auf genau 1000 mm zu korrigieren sein, da die Rauriser Messungen im vorigen Jahrhundert um rund 8% zu niedrig lagen. Trotz dieser Korrektur sind die 25jährigen Mittel ständig gestiegen: 1876—1900 (korrigiert): 965, 1901—1925: 989, 1926—1950: 992, 1951—1975: 1056 mm. Das Jahr 1879 erbrachte die geringste Summe, selbst, wenn man den Originalwert von 691 auf 747 mm ändert. Das niederschlagreichste Jahr war 1966 mit 1373 mm. Der August dieses Jahres lieferte mit 340 mm auch die größte beobachtete Monatssumme. Völlig niederschlagsfrei blieb der März 1892. Von Oktober bis März können Einzelmonate fast ohne Niederschlag ablaufen, hingegen sind im Sommer Mengen um 40 bis 50 mm das Mindeste. Die größte Tagesmenge kam jedoch nicht in einem Sommermonat vor, sondern im Herbst, am 4. November 1966 mit 96 mm/Tag. Bekanntlich wurde in jenen Tagen besonders Kärnten von einer Hochwasserkatastrophe größten Ausmaßes heimgesucht.

Das Jahr 1966 brachte auch die größte Zahl der Tage mit Niederschlag, nämlich 230 gegenüber einem Regelwert von 152 Tagen und der für 1898 notierten Mindestzahl von 108 Tagen.

Im Laufe eines regulären Winters fällt an 54 Tagen Schnee, an 44 Tagen gibt es einen meßbaren Neuschnee.

Bewölkung und Sonnenscheindauer: Das Gesamtmittel der Bewölkung von 5,8 Zehnteln der Himmelsfläche paßt nach den allgemeinen Erfahrungsregeln gut zum Prozentsatz von 51% der effektiven Sonnenscheindauer. Im Frühsommer ist die mittlere Bewölkung etwas größer als im Herbst und Winter, doch können in Einzelfällen auch Wintermonate relativ hohe Bewölkungsziffern aufweisen. Diesen stehen jedoch von September bis März Einzelmonate gegenüber, in denen die Himmelsbedeckung unter einem Drittel blieb. Am geringsten war das Mittel von nur 1,5 im Oktober 1965. Die Zahl der Sonnenscheinstunden dieses Monats war 205 = 90% der örtlich möglichen Dauer.

Das sonnigste Jahr überhaupt dürfte 1929 gewesen sein (Bewölkungsmittel nur 4,7). Seit es in Rauris Sonnenscheinregistrierungen gibt, das ist seit 1948, war 1961 mit 1668 Stunden das sonnigste Jahr, ganz im Gegensatz zum vorangegangenen Jahr 1960 mit nur 1301 Stunden.

Die von 1937 bis 1946 durchgeführten und ausgewertet vorliegenden Daten der Globalstrahlung dürften als Beitrag zur gegenwärtigen Diskussion der technischen Ausnützung der Sonnenenergie recht willkommen sein.

Schneedaten: Der erste Schnee fällt durchschnittlich um den 5. November. Im Jahre 1937 lag jedoch schon am 11. September Schnee[1], im Jahre 1953 sah man ihn erst am 21. Dezember. Ebenso variabel sind die Zeitpunkte der letzten Schneedecke im Tal: Einem mittleren Datum von 14. April stehen die Extremdaten 25. Februar 1928 und 2. Juni 1975 gegenüber. Insgesamt gibt es rund 119 Tage mit Schneedecke und in der Regel 98 Tage mit beständiger Decke („Winterdecke"), und zwar vom 9. Dezember bis 17. März. Die Extremwerte sind zum Teil kurios: Im Winter 1971/72 war der längste Zeitraum einer beständigen Decke (18 Tage) am 24. Dezember 1971 zu Ende. Besonders schneereich waren z. B. der Winter 1943/44 und der Winter 1906/07. Die größte Schneehöhe betrug 89 cm am 24. März 1907. Im Gesamtmittel läßt sich ein Betrag von 51 cm Schneehöhe um den 2. Februar als Maximalwert des Winters errechnen.

Weitere Elemente: In den Tabellen, vor allem in Tab. 2 und Tab. 4, sind Übersichten für viele weitere klimatische Elemente und auch deren Tagesgang enthalten. Wir wollen sie hier nicht im Detail diskutieren, weil die Anwendungsmöglichkeiten für Praxis und Wissenschaft zu vielfältig sind. Der Benützer muß beachten, daß manche Daten von den Beobachtern nur nach den lokalen Bedingungen ihres Meßortes und teilweise auch nach ihrer subjektiven Auffassung niedergeschrieben werden. Dies ist zum Teil von Einfluß auf die in den Tabellen genannten Extremwerte, z. B. der Tage mit Gewitter, mit Tau und Reif, mit Nebel und mit Sturm. Immer wieder geht jedoch aus den Beobachtungen hervor, daß die Zahl der Windstillen mit rund 13% relativ klein ist, daß die mittlere Windgeschwindigkeit trotzdem nur um rund 2 m/sec liegt, und die Zeiten, zu denen der Wind auf mehr als 10 m/sec auffrischt, beschränkt sind. Auch zeigte sich immer wieder das Überwiegen der Winde mit Nordkomponente (Talaufwinde) gegenüber den Winden mit Südkomponente.

Die Tagesgänge der Lufttemperatur und der Feuchtigkeit (7-Uhr-Mittel 88%, 14-Uhr-Mittel 57%) sind in dem Hochtal relativ groß. Der Tagesgang des Dampfdruckes ist im allgemeinen gering. Bemerkenswert mag sein, daß nur im Frühsommer der Mittagswert kleiner ist als der Frühwert. In diesem Zusammenhang verdient auch hervorgehoben zu werden, daß im Juni und Juli die Abendwerte der Bewölkung am größten sind.

So ergeben schon die Mittel- und Extremwertstabellen dieser Arbeit erneut Hinweise auf die ungezählten Anwendungsmöglichkeiten der hundertjährigen Wetterbeobachtungen in Rauris.

Literatur

[1] Pillwein, B.: Geschichte, Geographie und Statistik des Erzherzogthums Österreich ob der Enns und des Herzogthums Salzburg, Theile 1—5. Linz 1827, 1828, 1830, 1832, 1839.
[2] Woldrich, J. N.: Versuch zu einer Klimatographie des salzburgischen Alpenlandes. Salzburg 1867.
[3] Sacher, E.: Beiträge zur Kenntnis von Stadt und Land Salzburg. Salzburg 1881.
[4] Steinhauser, F.: Klimatabellen österreichischer Höhenstationen für die Periode 1941—1970. 68.—69. Jahresbericht d. Sonnblick-Ver. f. d. Jahre 1970—1971, Wien 1973, 82—90.
[5] Lauscher, Adele u. F.: Ergebnisse meteorologischer Beobachtungen in Zell am See und am Zellersee aus den hundert Jahren 1876 bis 1975. Wetter und Leben **29** (1977).

---

[1] 11. Sept. 1937: 7 cm Schneehöhe

Der Zustand von Gletschern im Großglockner- und Sonnblickgebiet im Eishaushaltsjahr 1975/76

Von Hanns Tollner, Salzburg

Zusammenfassung

In der Großglockner- und Sonnblickgruppe verlief das Eishaushaltsjahr 1975/76 (zum Begriff Eishaushaltsjahr 1975/76 später noch Bemerkungen) im Gegensatz zum Vorjahr beträchtlich eisabträglich. Die Zungenenden der untersuchten Gletscher, soweit sie eingemessen werden konnten, wichen von 1975 auf 1976 bzw. von 1974 auf 1976 bis zu 6,8 m zurück. Auf den Firnfeldern erreichten die Jahresfirnrücklagen 1975/76 wesentlich geringere Höhen als in früheren Jahren. Im August und September 1976 ließen sich hochgelegene Zungenenden kleinerer Gletscher infolge einer Altschnee- und Neuschneeauflage leider nicht überall feststellen.

In der Zeit vom 1. Oktober 1975 bis 30. September 1976 (Hydrologisches Jahr — häufig gleich wie Eishaushaltsjahr) erreichte der atmosphärische Niederschlag bei einem ungefähr normalen 12-Monate-Temperaturmittel nur 68 bis 80 Prozent des langjährigen Durchschnittes. Zwischen 1. Oktober 1975 und 30. April 1976 (Winterniederschlag) betrug das Niederschlagsdefizit 31 bis 53 Prozent der Normalmenge. Das Temperaturmittel dieser 7 Monate war um 0,3 bis 0,5° C übernormal.

Beurteilt nach den Messungen und Beobachtungen auf dem Rauriser Sonnblick endete das Eishaushaltsjahr 1975/76 bereits am 25. Juli.

Der stark unterdurchschnittliche Niederschlag Oktober 1975 bis Ende April 1976 und der sehr kühle Sommercharakter in der Nivalregion hatten zur Folge, daß die hochalpinen Speicheranlagen der auf Wasserkraftnutzung beruhenden Elektrowerke der Tauernkraftwerke A.G. weit unterdurchschnittliche Zuflußmengen erhielten. Sie erreichten im Hydrologischen Jahr 1975/76 bei der Möll 78, beim Mooserboden 88, bei der Margaritze 78, beim Leiterbach 76,4 und beim Wasserfallboden nur 68,4 Prozent der Regelmenge.

1. Witterungsablauf im Hydrologischen Jahr 1975/76

Oktober 1975: Etwas übernormal sonnig, bis zu 1,2° C zu kühl und zwischen 42 und 62 Prozent zu trocken. Herbstliches Schönwetter (Teilperiode Altweibersommer) vom 28. September bis 3. Oktober anhaltend. Am 3. Oktober Ende der Ablationszeit (Ende des Eishaushaltsjahres 1975/76) und Beginn der neuen Akkumulationsperiode. Am 10./11. vorübergehend Entstehen einer Schneedecke bis 1300 m herab. In 3000 m größte Schneehöhe 76 cm.

November 1975: Monatsmittel der Temperatur 1 bis 2° unterdurchschnittlich. Sonnenscheindauer ungefähr normal. Niederschlag unterschiedlich bis zu 50 Prozent über der Regelmenge. Erste Monatshälfte niederschlagsarm. 16. bis 22. sehr ergiebiger Schneefall und starker Rückgang der Temperatur, dann bei südwestlicher Höhenströmung kräftige Frostmilderung (in der Nivalregion Anstieg der Temperatur bis 16°). Größte Schneehöhe in 2000 m 55 cm, in 3000 m 176 cm.

Dezember 1975: Viel zu niederschlagsarm. Nordabdachung der Hohen Tauern nur 8 bis 24 Prozent der Normal-Niederschlagsmenge. Im unmittelbaren Bereich des Alpenhauptkammes infolge Einwirkung eines Mittelmeertiefs 44 Prozent. Auf der Alpennordseite 3 bis 7 Tage mit Niederschlag, im Alpenhauptkamm an 10 Tagen. Sonnenscheindauer in der Nivalregion bis zu 18 Prozent überdurchschnittlich. Temperatur in

Tieflagen (starker Ausstrahlungseffekt) etwas unternormal. In 2000 m bis zu 3,9° über dem langjährigen Durchschnitt, im Niveau von 3000 m bis zu 3° übernormal. Erste Monatshälfte bei Hochdruckeinfluß und Südwestwetter fast niederschlagslos. Nach Monatsmitte mäßiger Schneefall bei Mittelmeertief. Letzte Monatsdekade vorwiegend trocken, sonnig und mild. Größte Schneehöhe in 3000 m 130 cm, in 2000 m 31 cm.

Jänner 1976: Temperatur in den Talgründen bis 4° und in 2000 m um 1° über dem Durchschnitt. In 3000 m um 1° unternormal. Sonnenschein bis zu 20 Prozent unter langjähriger Andauer. An 18 bis 25 Tagen Schneefall. Monatsmenge des Niederschlages bis zu über 200 Prozent übernormal. Erste Monatshälfte in der Nivalregion sehr kalt, zweite Monatshälfte relativ mild. Größte Schneehöhe in 2000 m 120 bis 140 cm, in 3000 m 220 cm.

Februar 1976: In 3000 m 2,9° und in 2000 m bis zu 3,6° zu mild. Sonnenscheindauer an der Alpennordseite bis zu 19 Prozent über dem Regelwert, im Alpenhauptkamm nur wenig übernormal. An der Alpennordseite 60 bis 90 Prozent Niederschlagsdefizit, im Alpenhauptkamm um 50 Prozent. Erste Monatsdekade sonnig, trocken und mild, bis 16. kälter und etwas Niederschlag, dann wieder milder und niederschlagsarm. Letzte Monatsdekade vorfrühlingshafte Temperaturen. In 3000 m Temperaturanstieg bis nahe null. Höhe der Schneedecke in 3000 m Erniedrigung auf 200 cm und in 2000 m auf ca. 100 cm.

März 1976: Bis zu 2° zu kalt und normal bis etwas übernormal sonnig. Niederschlag auf der Alpennordseite nur 15 bis 31 Prozent des langjährigen Durchschnittes, im Alpenhauptkamm 54 Prozent; geringe Niederschlagstätigkeit in der zweiten Monatshälfte. Höhe der Schneedecke in mittleren Lagen des Hochgebirges keine wesentliche Änderung gegenüber dem Vormonat. In 3000 m Schneedecke von 200 auf 270 cm angewachsen.

April 1976: Nicht ganz normal sonnig und etwas zu kühl. Niederschlagshöhen 50 bis 70 Prozent unterdurchschnittlich. Hauptniederschlag 22. bis 25. Vor Monatsende markanter Temperaturrückgang. In 3000 m Erhöhung der Schneedecke von 220 auf 330 cm.

Mai 1976: In Tallagen etwas zu kühl, in 3000 m um 1° zu mild. Ungefähr normal sonnig. Niederschlag bis zu 75 Prozent über dem Normalsoll. Am Monatsende wurde die Höhe bis 2000 m schneefrei. Mächtigkeit der Schneedecke in 3000 m zwischen 270 und 340 cm schwankend.

Juni 1976: Bis zu 15 Prozent überdurchschnittlich sonnig und meist 2° zu warm. Monatsmenge des Niederschlages bis zu 43 Prozent unter dem Regelwert. Am Monatsanfang noch Schneefall bis auf 1500 m herab. In 3000 m 8 Tage mit Schneefall. Höhe der Schneedecke in 3000 m Abnahme von 330 auf 210 cm.

Juli 1976: Monatsmenge des Niederschlages ungefähr normal, bis zu 1,3° zu warm und etwas überdurchschnittlich sonnig. Zwischen 14. und 21. ungewöhnlich warmes und trockenes hochsommerliches Schönwetter. Nachher kühl und niederschlagsreich. Einsetzen der Akkumulationszeit in der Nivalregion (Beginn des Eishaushaltsjahres 1976/77). In 3000 m (Fleißscharte) Erniedrigung der Schneedecke von 200 auf 30 cm am 18., dann gleichbleibend bis 26. und anschließend Erhöhung auf 60 cm. In 3000 m an 12 Tagen Schneefall.

August 1976: Zwischen 1,5 und 2,7° zu kühl und bis zu 15 Prozent unterdurchschnittlich sonnig. Niederschlag unterschiedlich, örtlich 20 bis 40 Prozent unternormal. Hauptniederschlag am 4. und 31. In 3000 m an 7 Tagen Schneefall. Mächtigkeit der Schneedecke in 3000 m zwischen 40 und 80 cm schwankend.

September 1976: Monatsmenge des Niederschlages sehr stark unterschiedlich zwischen 143 und 300 Prozent des langjährigen Durchschnittes. Temperatur in allen Höhen zwischen 2,9 und 5,1° unternormal. In 2000 m häufig Schneedecke bis 1600 m herab. In 3000 m Anwachsen der Höhe der Schneedecke von 60 auf 140 cm. Am Monatsende 100 cm.

2. Meßergebnisse

2.1. Oberster Pasterzenboden

Am 28. September 1976 wurden auf dem Obersten Pasterzenboden an zwei Stellen und auf dem südlichen Bockkarkees an einem Punkt Dichtemessungen vorgenommen, die folgende Werte ergaben:

	Abstich in cm	Dichte g/cm³	Niederschlag mm
Oberster Pasterzenboden in 3010 m	174	0,46	807
Oberster Pasterzenboden in 2950 m	146	0,45	665
Südliches Bockkarkees in 2850 m	63	0,46	289

Der abgestochene Schnee besaß Neuschneecharakter. Er stellt die Schneeanhäufung nach dem Tiefstand der Firnschneedecke (Ende des Eishaushaltsjahres 1975/76) im Juli dar. Die Mächtigkeit der Jahresfirnrücklage 1975/76 konnte leider nicht festgestellt werden.

2.2. Wasserfallwinklkees

Das Zungenende des Wasserfallwinklkeeses konnte wegen Schneebedeckung nicht erkannt werden. H. Wakonig stellte am 13. September 1976 bei einer Vorlandsmarke ein Rückweichen des Gletschers von 1975 auf 1976 um 3,0 m fest.

2.3. Karlingerkees

Das Resteis des Karlinger-Gletschers auf dem obersten Kapruner Talschluß (steile Kegelfläche) wich im Mittel aus drei Marken von 1974 auf 1976 um 10,2 m zurück. Zwischen dem oberen Zungenende des Gletschers und dem darunter befindlichen Eisschild entstand an der rechten Seite eine ziemlich breite Eisverbindung. An der linken Seite war die Eisverbindung, die lange Jahre angehalten hatte, verschwunden. Messung am 5. Oktober 1976.

2.4. Grießkoglkees, Eiserkees und Schwarzköpflkees

Schneebedeckung auf dem Zungenende und auf den Vorlandsmarken erlaubte keine Messungen.

2.5. Schmiedingerkees

Das Zungenende und das Gletschervorfeld befanden sich am 8. September 1976 unter einer 50 cm dicken Schneedecke. An der Seitenmarke in 2692 m erhöhte Neuschnee die Firnoberfläche gegen 1975 um 200 cm, in 2715 m um 2,2 m.

Am 8. September wurden im Firngebiet des Gletschers an 9 Stellen Schneedichtemessungen vorgenommen. Sie ermittelten die Dichte der Jahresfirnrücklage 1975/76 plus der Neuschneeakkumulation nach dem Ende der Ablationszeit im Juli (Tab. 1; Messungen der Abt. HYDRO der Tauernkraftwerke A.G.).

Tabelle 1. Ergebnis der Schneedichtemessungen am 8. September 1976

	Abstich in cm	Dichte g/cm³	Niederschlag mm	Vermutliche Jahresfirnrücklage 1975/76 in cm
In 2910 m	211	0,49	978	156
In 2885 m	208	0,50	1007	160
In 2880 m	159	0,49	691	103
In 2790 m	69	0,31	190	19
In 2795 m	110	0,41	409	53
In 2775 m	116	0,47	461	60
In 2670 m	91	0,51	351	31
In 2680 m	59	0,32	189	0
In 2640 m	42	0,29	122	0

Es ist anzunehmen, daß das Schmiedingerkees zwischen Ende September 1975 und zweite Julihälfte 1976 nicht unbeträchtlich an Eissubstanz verlor, dann aber nur mehr wenig einbüßte.

Zwei Querprofile über das Schmiedingerkees am 9. September 1976 ergaben, daß sich die Oberfläche des Firnfeldes gegenüber der Messung am 23. September 1975 an den meisten Punkten um 2 bis 116 cm erhöhte. An 6 Stellen sank das Firngebiet ein (um 4 bis 212 cm). Die Oberfläche des Firnfeldes 1976 war gegenüber 1969 z. T. etwas eingesunken (bis 477 cm), aber mehr noch angeschwollen (Maximalwert 556 cm).

Tabelle 2. Höhe der zurückversetzten Pegel und Höhenänderung bezüglich 1975 (Δh) und bezüglich Ausgangsmessung vom 14. Oktober 1969 (ΔH) in m nach Meßtrupp der Tauernkraftwerke A.G.

Punkt	Höhe in m	Δh	ΔH
F 2	2909,66	+ 0,48	+ 0,58
F 3	2907,14	− 0,56	− 0,90
F 4	2841,38	—	− 0,29
F 5	2874,94	+ 0,42	+ 1,12
F 6	2864,43	+ 0,45	+ 0,71
F 7	2866,44	+ 0,08	− 0,13
F 8	2698,49	− 0,72	− 0,31
F 9	2762,34	+ 0,34	− 0,83
F 10	2795,78	− 0,18	+ 0,68
F 11	2799,22	+ 0,08	− 1,18
F 12	2880,80	− 0,04	− 0,05
F 13	2793,70	− 2,12	− 3,23
A 1	2649,33	+ 0,84	− 0,11
A 2	2649,30	+ 0,64	+ 2,65
A 3	2654,01	+ 0,64	+ 5,33
A 4	2665,07	+ 0,02	− 1,53
A 5	2683,69	+ 0,59	+ 0,04
A 6	2671,43	+ 0,53	− 2,16
A 7	2636,94	− 0,28	− 4,77
A 8	2579,52	+ 0,89	+ 5,56
A 9	2579,81	+ 1,16	+ 4,11
A 10	2572,56	+ 0,75	− 1,23

Die Fließgeschwindigkeit von 1975 auf 1976 betrug bei Punkt A 2 12,18 m, bei A 3 11,62 m und bei A 8 16,55 m.

2.6. Klockerinkees

Das zur Gänze schuttbedeckte und stark zerlappte Zungenende ließ gegenüber 1974 an einer Stelle einen Rückzug von 20,6 m erkennen. An einem anderen Punkt stieß zwischen Felsrippen eine ganz schmale Eiszunge von 1974 auf 1976 um 1,7 m einwandfrei vor. Die Marke I befand sich inmitten einer stark verfestigten Altschneedecke, die noch 30 m weiter hinunterreichte. Messung am 5. Oktober 1976.

2.7. Großes Goldbergkees

Der große Goldberggletscher (Vogelmaier-Ochsenkarkees), der 1974 ein mittleres Vorrücken von 0,7 m und 1975 von 3,3 m erkennen ließ, wich von 1975 auf 1976 im Mittel aus 7 Vorlandsmarken um 3,3 m zurück (Messung am 26. September 1976). Der Gletscherkörper ist nach wie vor in einer Seehöhe von 2750 m an einem felsigen Steilabfall entzweigeschnitten. An der Steilstufe im unteren Gletscherteil wird die Zungenfläche von der Nordflanke her mehr als zur Hälfte abgeschnürt. Dadurch erfolgt an der linken Gletscherseite kein Eisnachschub mehr von oben nach unten. Falls dieser Abschnürungsprozeß noch weiter gehen sollte, würde letztlich das Goldbergkees in drei Teile zerfallen.

Das Zungenende des Gletschers ist zerlappt. Es erscheint daher nicht besonders verwunderlich, wenn an einer Stelle kein Rückgang und an einer anderen ein Vorrücken von 2,1 m stattfand.

Die Oberfläche des Firnfeldes am Sonnblick-Ostgrat befand sich am 29. September 1976 bei der „Lislstange" mit 100 cm Neuschnee um 160 cm höher als am 1. September 1975. Ebenso lag die Firnfläche beim Südaufbau des Sonnblickgipfels um 105 cm höher als im Vorjahr. Die Neuschneeauflage besaß dort eine Mächtigkeit von ca. 100 cm.

Im Jahre 1950 ragte südöstlich vom Sonnblickgipfel ein Felsrücken bis zu 3,5 m aus dem Firnfeld heraus. 1976 war ebenso wie 1975 nichts von ihm zu erkennen. An der Kante des Gipfelaufbaues der Goldbergspitze erhöhte sich die Oberfläche des Firnfeldes von 1975 auf 1976 um 150 cm. Die Neuschneehöhe betrug dort 90 cm.

Die Schneehöhen in der Fleißscharte, 2990 m, bieten im Juli 1976 deutliche Hinweise auf das Ende des Eishaushaltsjahres 1975/76.

Tag, Juli	1.	2.	3.	4.	5.	6.	7.	8.	9.	10.	
Schneehöhe, cm	200	200	180	150	130	120	110	100	80	80	
Tag, Juli	11.	12.	13.	14.	15.	16.	17.	18.	19.	20.	
Schneehöhe, cm	80	80	70	70	70	60	50	40	30	30	
Tag, Juli	21.	22.	23.	24.	25.	26.	27.	28.	29.	30.	31.
Schneehöhe, cm	30	30	30	30	30	40	50	60	60	60	40

August

Tag, August	1.	2.	3.	4.	5.	6.	7.	8.	9.	10.	11.
Schneehöhe, cm	40	50	40	40	65	80	70	70	60	60	70
Tag, August	12.	13.	14.	15.	16.	17.	18.	19.	20.	21.	22.
Schneehöhe, cm	70	70	70	70	70	70	70	70	70	70	80
Tag, August	23.	24.	25.	26.	27.	28.	29.	30.	31.		
Schneehöhe, cm	80	70	70	60	60	60	60	60	50		

September

Tag, September	1.	2.	3.	4.	5.	6.	7.	8.	9.	10.
Schneehöhe, cm	60	70	70	90	100	120	120	110	100	100
Tag, September	11.	12.	13.	14.	15.	16.	17.	18.	19.	20.
Schneehöhe, cm	140	140	130	130	130	120	130	140	140	140
Tag, September	21.	22.	23.	24.	25.	26.	23.	28.	29.	30.
Schneehöhe, cm	130	130	130	120	120	120	110	110	100	100

Im Hinblick auf die geringste Schneehöhe in der Fleißscharte, die mit 30 cm vom 19. bis 25. Juli 1976 sieben Tage andauerte, ist das Ende des Eishaushaltsjahres 1975/76 wohl mit 25. Juli 1976 anzusehen. Der Beginn des Eishaushaltsjahres 1976/77 wäre dann der 26. Juli 1976. Im August gab es zwar noch zweimal Zeiten mit keiner Änderung der Schneehöhe, doch blieb sie höher als im Juli.

2.8. Wurtenkees

Das sehr stark zerlappte rechte Zungenende hatte sich von 1974 auf 1976 (Messung am 27. September 1976) aus 4 Vorlandsmarken im Mittel um 3,4 m zurückverlagert. Der linke Gletscherteil (Schareckteil) endete in die Wasseransammlung des 1974 errichteten Staubeckens. Für das Wurtenkees ist eine gering negative Jahresbilanz 1975/76 anzunehmen.

2.9. Kleines Fleißkees

Das zerlappte Ende des Gletschers wich von 1975 auf 1976 im Durchschnitt aus drei Messungen um 6,8 m zurück. Auf Grund der unternormalen Jahresfirnrücklage 1975/76 beurteilt nach der Situation in der Fleißscharte, 2990 m, und des Zungenrückganges erlitt das Kleine Fleißkees im Eishaushaltsjahr 1975/76 einen mäßigen Massenverlust (Messung am 28. September 1976).

Bei der Pilatusscharte lag die Oberfläche des Firnfeldes mit 75 cm Neuschnee um 85 cm höher als am 2. September 1975.

3. Bemerkungen über das „Eishaushaltsjahr" und über das „Hydrologische Jahr"

Auf Grund von langjährigen Messungen und Beobachtungen in der Fleißscharte, 2990 m, auf dem Rauriser Sonnblick — repräsentativ für das 3000-m-Firnfeldniveau — wurde festgestellt, daß die Ablationsperiode im Firngebiet des Großen Goldbergkeeses und Kleinen Fleißkeeses meist Ende September, Anfang Oktober zu Ende ging und daß damit das jeweilige Eishaushaltsjahr aufhörte. Im Zusammenhang mit einer niederschlagsarmen und strahlungsreichen Teilperiode „Altweibersommer" erreichte die Firnschneehöhe häufig noch Ende September durch längere Zeit gleichbleibend ihren geringsten Wert. Dann verursachten Kaltlufteinbrüche vielfach ergiebigen Schneefall, der nach dem Tiefstand der Firnschneehöhe im September nicht mehr zur Gänze abschmolz. Damit ergab sich in der Regel eine gute Übereinstimmung zwischen dem Beginn des Hydrologischen Jahres (1. Oktober bis 30. September des Folgejahres) und dem Anfang des neuen Eishaushaltsjahres.

Nach Ende des Tiefststandes der Schneedecke (Ende des Eishaushaltsjahres) wurde die Schneehöhe nicht mehr weiter gezählt. Es wurde dann mit Null begonnen. Würde man die jeweiligen „Jahresfirnrücklagen" nicht ausschließen, kämen ungeheure Schneehöhen zusammen. Die Höhe der Schneedecke von 40 cm am 26. Juli als Anfangswert des neuen Eishaushaltsjahres 1976/77 besitzt konsequenter Weise nur eine Mächtigkeit von 10 cm. Die richtigen Schneehöhen sind demnach ab 26. Juli 1976 um 30 cm geringer.

Extremwerte der Lufttemperatur auf der Zugspitze (1900—1976)

Von Albert Cappel, Neustadt/Wstr.

1. Geschichtlicher Rückblick

Der Gedanke, auf der Zugspitze, der höchsten Erhebung des bayerischen Alpenanteils, eine meteorologische Hochstation einzurichten, wurde kurz vor der Jahrhundertwende beim Bau des „Münchener Hauses" erwogen, das der Deutsche und Österreichische Alpenverein als Unterkunftshaus auf der Zugspitze im Jahre 1897 eröffnete. Von den regelmäßigen Wetterbeobachtungen und Messungen versprach man sich neue meteorologische und klimatologische Erkenntnisse, insbesondere sollten sie im Verein mit den Ergebnissen des in 3106 m Höhe gelegenen Sonnblick-Observatoriums, dessen Tätigkeit im Jahre 1887 begonnen hatte, unser Wissen über die Hochgebirgsregion vermehren.

Zu den anregenden und den Bau des Zugspitz-Observatoriums befürwortenden Kräften gehörten vor allem der Leiter der bayerischen Zentralanstalt, Dr. F. Erk, sowie die Meteorologen von Bezold und Hann, deren wissenschaftliche Leistungen noch heute Anerkennung finden. Die Bauleitung übernahm der Schöpfer des Münchener Hauses, Kommerzienrat A. Wenz. Die finanziellen Mittel für den Bau des Observatoriums stellte das Königlich-Bayerische Staatsministerium des Innern zur Verfügung, einen Teil der Kosten trug der Deutsche und Österreichische Alpenverein. Nachdem der Bau am 29. Juli 1898 genehmigt worden war, vergingen nur zwei Jahre bis zu seiner Vollendung, die am 19. Juli 1900 feierlich begangen wurde.

Als erster Beobachter trat Josef Enzensperger den schweren Dienst im Hochgebirge an. Ihm folgten bis auf den heutigen Tag in fast ununterbrochener Folge über 70 weitere Meteorologen und Wetterbeobachter, die vor allem in der Anfangszeit für den Bergdienst besonders ausgebildet und trainiert sein mußten. Erst die Inbetriebnahme der Bergbahnen (Tiroler Zugspitzbahn 1926 und Bayerische Zugspitzbahn 1930) brachten dem Beobachter große Erleichterung, nachdem vorher alle zum Leben notwendigen Dinge auf den Berggipfel getragen werden mußten. Mit der Erschließung der Zugspitze durch die Bergbahnen und der Zunahme des Tourismus war es aber auch um die Ruhe der Bergeinsamkeit geschehen. So ist es heute oft notwendig, daß für den Besucher die Wetterstation verschlossen bleiben muß, damit die Messungen, Beobachtungen und Auswertungen regelmäßig durchgeführt und mittels Fernschreiber oder Telefon an das Wetteramt München bzw. die Flugwetterwarte München-Riem weitergegeben werden können.

In den ersten Jahren wurden täglich neben einer wissenschaftlichen Tätigkeit drei Klimabeobachtungen um 07, 14 und 21 Uhr mittlerer Ortszeit durchgeführt. Vom Jahre 1912 ab erfolgte zusätzlich die Einbeziehung in den synoptischen Dienst, das heißt, es mußten tagsüber zu festgelegten Zeiten Wettermeldungen per Telefon abgesetzt werden. Ab 1938 wurden auch regelmäßig Nachtbeobachtungen angestellt und verarbeitet.

Seit 1954 ist die Station an das Wetterfernschreibnetz angeschlossen, und ihre stündlichen Meldungen des Wetterzustandes bilden einen wichtigen Mosaikstein in der täglichen Wetteranalyse. In den bald 77 Jahren fielen die Beobachtungen — durch das Kriegsende bedingt — lediglich in der Zeit vom 6. Mai bis 9. August 1945 aus. In der übrigen Zeit wurde eine Fülle von Beobachtungsdaten gesammelt, die in zahlreichen Publikationen verarbeitet wurden. Unter anderem erschien anläßlich des 50jährigen Bestehens des Zugspitz-Observatoriums, das 1950 in Garmisch-Partenkirchen und auf der Zugspitze gefeiert wurde, eine umfangreiche Monographie [1]. Aus Anlaß des 75jährigen Jubiläums hat der Deutsche Wetterdienst die Bedeutung dieser 2964 m hohen Wetterstation und die Leistungen der Beobachter in einer weiteren Publikation gewürdigt [2].

In der vorliegenden Untersuchung soll nun nach den Unterlagen des Deutschen Wetterdienstes vor allem ein Überblick über extreme Temperaturen auf der Zugspitze gegeben werden.

2. Monats- und Jahreswerte der Lufttemperatur

Aus den täglichen Messungen zu den drei Klimaterminen wird das Tagesmittel der Lufttemperatur berechnet, wobei der Abendtermin verdoppelt wird. Dieses Tagesmittel weicht nur wenig von einem aus 24 Stundenwerten berechneten Mittelwert ab, so daß die Bezeichnung „Tagesmittel" ihre Berechtigung hat. Die Tagesmittel aller Kalendertage werden zu Monatsmittelwerten und diese zu Jahresmittelwerten zusammengefaßt. Die Ergebnisse von mehreren Jahren bilden schließlich die langjährigen Mittelwerte und charakterisieren die klimatischen Verhältnisse eines Ortes oder einer Landschaft. Auf Grund internationaler Vereinbarungen verwendet man zur Zeit für die Berechnung der langjährigen Mittelwerte die Periode 1931—1960 und bezeichnet die Ergebnisse als „Normalwerte". Sie sind in Tabelle 1 zusammen mit den in 76 Jahren beobachteten höchsten und niedrigsten Monats- und Jahresmittelwerten zusammengestellt.

Tabelle 1. Mittelwerte der Lufttemperatur (°C, 1931—1960) auf der Zugspitze, 2960 m (a); höchstes (b) und niedrigstes (c) Monats- und Jahresmittel sowie Jahr des Vorkommens im Zeitraum 1900—1975

	Jän.	Feb.	März	April	Mai	Juni	Juli	Aug.	Sept.	Okt.	Nov.	Dez.	Jahr
(a)	−11,6	−11,6	−9,5	−6,9	−2,6	0,5	2,4	2,4	0,6	−3,2	−7,0	−9,9	−4,7
(b)	−7,0	−6,1	−5,9	−3,6	0,4	3,3	5,0	5,9	4,0	0,1	−3,1	−6,1	−3,3
	1932	1914	1959	1961	1917	1930	1928	1944	1961	1949	1953	1972	1920
					1920		1952			1965			
(c)	−16,6	−19,1	−15,2	−11,7	−8,0	−3,5	−1,5	−0,9	−5,7	−10,5	−11,1	−15,1	−6,2
	1942	1956	1944	1938	1902	1923	1913	1912	1912	1974	1912	1906	1919

Aus Tabelle 1 ist zu ersehen, daß das Jahresmittel der Lufttemperatur nur um 2,9° C schwankt, im übrigen zeigt aber die Variationsbreite, das heißt die Differenz zwischen dem jeweils höchsten und niedrigsten Monatsmittel, einen deutlichen Jahresgang. Sie hat im Juli mit einer Schwankung der Monatsmittel von 6,5° C ein Minimum, und im Februar liegen die extremsten Monatsmittel um 13,0° C auseinander. Im langjährigen Durchschnitt weisen der Juni bis September positive Monatsmittel auf. Bei günstigen Temperaturverhältnissen können auch der Mai und der Oktober im Mittel über dem Gefrierpunkt bleiben. Bei ungünstiger Witterung traten dagegen selbst in den Hochsommermonaten negative Monatsmittel auf.

3. Mittlere tägliche Extremwerte der Lufttemperatur

Im Klimadienst werden zum Abendtermin um 21 Uhr das Maximumthermometer und das Minimumthermometer abgelesen und neu eingestellt. Die Ergebnisse geben demnach die höchste und die niedrigste Temperatur der vergangenen 24 Stunden an. Der genaue Zeitpunkt der Extremwerte wird aus Registrierungen entnommen. Im allgemeinen stellt sich das Minimum etwa mit dem Tagesanbruch ein, und das Maximum wird etwa 2 Stunden nach Sonnenhöchststand erreicht. Nur bei plötzlichem oder allmählichem Luftmassenwechsel verschiebt sich der Eintrittszeitpunkt der Extremwerte, der mitunter auch mit dem Abendtermin zusammenfallen kann. Die täglichen Extremwerte faßt man ebenfalls zu Monatsmittelwerten zusammen, aus denen dann die langjährigen „Normalwerte" der Maxima und Minima entstehen, wie sie in Tabelle 2 und 3 zusammen mit den zugehörigen höchsten und niedrigsten Monats- und Jahresmitteln angegeben sind.

Tabelle 2. Langjähriges mittleres tägliches Maximum der Temperatur (1931—1960) auf der Zugspitze (a); höchstes (b) und niedrigstes (c) mittleres tägliches Maximum sowie Jahr des Vorkommens im Zeitraum 1900—1975

	Jän.	Feb.	März	April	Mai	Juni	Juli	Aug.	Sept.	Okt.	Nov.	Dez.	Jahr
(a)	− 9,2	− 9,2	− 7,0	− 4,2	0,1	3,2	5,3	5,1	3,0	− 0,9	− 4,8	− 7,7	− 2,2
(b)	− 4,9	− 3,7	− 3,5	− 1,0	3,1	6,7	8,0	9,8	6,6	2,6	− 1,0	− 3,8	− 0,8
	1930	1914	1959	1961	1920	1930	1928	1941	1961	1949	1953	1900	1920
(c)	− 14,5	− 16,2	− 12,9	− 8,7	− 5,5	− 0,8	0,6	1,5	− 4,0	− 8,6	− 8,5	− 12,1	− 3,7
	1942	1956	1944	1938	1902	1923	1913	1912	1912	1974	1912	1906	1919
											1952	1940	

Tabelle 3. Langjähriges mittleres tägliches Minimum der Temperatur (1931—1960) auf der Zugspitze (a); höchstes (b) und niedrigstes (c) mittleres tägliches Minimum sowie Jahr des Vorkommens im Zeitraum 1900—1975

	Jän.	Feb.	März	April	Mai	Juni	Juli	Aug.	Sept.	Okt.	Nov.	Dez.	Jahr
(a)	− 14,1	− 14,1	− 11,8	− 9,2	− 4,9	− 1,8	0,1	0,3	− 1,5	− 5,2	− 9,1	− 12,2	− 7,0
(b)	− 9,1	− 8,2	− 7,9	− 5,7	− 1,6	1,3	2,9	4,1	2,2	− 1,7	− 5,2	− 8,2	− 5,4
	1932	1914	1959	1961	1917	1930	1952	1944	1961	1943	1953	1924	1920
												1932	
(c)	− 19,3	− 22,0	− 17,5	− 14,0	− 10,2	− 6,0	− 3,3	− 2,9	− 7,4	− 12,2	− 13,8	− 18,3	− 8,5
	1945	1956	1944	1903	1902	1923	1913	1912	1912	1905	1912	1906	1919
				1938			1919			1974			

Tabelle 2 läßt erkennen, daß auf der Zugspitze in den Hochsommermonaten im Durchschnitt eine Tageshöchsttemperatur von 5° C und in besonders warmen Monaten (1941) ein Monatsmittel der täglichen Temperaturmaxima von fast 10° C erreicht wird. In den Monaten Oktober bis April liegt dagegen das mittlere tägliche Maximum unter dem Gefrierpunkt. Wie nahe mitunter extreme Verhältnisse beieinanderliegen, zeigt ebenfalls diese Tabelle. So folgte dem wärmsten August (1941) der sehr kalte Jänner (1942), der allerdings vom Februar 1956 noch an Kälte übertroffen wurde. Das niedrigste Jahresmittel (1919) ging dem höchsten Jahresmittel (1920) unmittelbar voraus.

In gleicher Weise kann man Schlüsse aus Tabelle 3 ziehen, in der die entsprechenden Monatswerte der täglichen Minima zusammengestellt sind. Die extremen Jahreswerte sind in den gleichen Jahren aufgetreten wie die der Maxima, bei den Monaten tauchen aber zum Teil andere Jahreszahlen auf. Höchster Augustwert und niedrigster Wert im Jänner haben auch hier einen Abstand von nur wenigen Monaten. Es sind der August 1944 mit 4,1° C und der Jänner 1945 mit — 19,3° C. Auch bei den Minima stellt der Februar 1956 den Rekord nach der negativen Seite.

4. Extremwerte der Lufttemperatur für jede Pentade

Von den mehr als 80 000 Temperaturmessungen zu den Klimaterminen und den mehr als 55 000 Messungen der täglichen Extremwerte haben diejenigen Werte eine besondere Bedeutung, die für einen bestimmten Zeitabschnitt Rekordwerte darstellen. Sie sind Grenzwerte der klimatischen Verhältnisse auf der Zugspitze und ergänzen die aus den Mittelwerten gewonnenen Vorstellungen. Tabelle 4 enthält eine Übersicht solcher

Tabelle 4. Extremwerte der Lufttemperatur (°C) auf der Zugspitze für jede Pentade im Zeitraum 1900—1976 (Jahreszahlen 1900 + ...)

Pentade	Maximum				Minimum			
	größtes	Datum	kleinstes	Datum	größtes	Datum	kleinstes	Datum
1. — 5. 1.	0,6	1. 1. 13	— 25,0	1. 1. 05	— 4,1	2. 1. 21	— 31,6	1. 1. 05
6. —10. 1.	0,9	7. 1. 49	— 23,2	7. 1. 67	— 3,9	7. 1. 49	— 26,5	9. 1. 18
11. —15. 1.	0,2	14. 1. 75	— 27,4	13. 1. 60	— 3,8	14. 1. 40	— 31,5	13. 1. 68
16. —20. 1.	1,6	18. 1. 08	— 22,6	17. 1. 29	— 3,8	16. 1. 39	— 28,9	17. 1. 29
21. —25. 1.	0,6	23. 1. 37	— 25,1	22. 1. 42	— 3,8	22. 1. 43	— 29,1	21. 1. 40
26. —30. 1.	1,6	28. 1. 03	— 24,2	29. 1. 45	— 2,3	29. 1. 32	— 28,2	29. 1. 45
31. 1.— 4. 2.	1,1	3. 2. 57	— 23,7	2. 2. 49	— 1,9	3. 2. 57	— 27,7	2. 2. 56
5. — 9. 2.	1,7	7. 2. 39	— 24,7	9. 2. 19	— 0,9	7. 2. 39	— 29,0	9. 2. 56
10. —14. 2.	0,4	13. 2. 58	— 31,5	14. 2. 40	— 4,2	14. 2. 58	— 35,6	14. 2. 40
15. —19. 2.	4,2	18. 2. 50	— 26,4	15. 2. 40	0,4	18. 2. 50	— 32,3	15. 2. 40
20. —24. 2.	4,0	22. 2. 40	— 23,5	24. 2. 09	0,0	23. 2. 40	— 27,8	24. 2. 09
25. 2.— 1. 3.	5,8	29. 2. 60	— 23,6	1. 3. 71	— 1,0	28. 2. 76	— 25,5	1. 3. 71
2. — 6. 3.	4,4	2. 3. 20	— 27,9	5. 3. 71	1,8	2. 3. 20	— 31,0	5. 3. 71
7. —11. 3.	0,4	8. 3. 63	— 21,0	8. 3. 35	— 1,5	7. 3. 50	— 25,4	11. 3. 31
12. —16. 3.	2,8	12. 3. 57	— 22,2	12. 3. 07	— 2,1	14. 3. 22	— 25,1	13. 3. 25
17. —21. 3.	2,3	21. 3. 74	— 22,1	17. 3. 62	— 3,1	17. 3. 47	— 24,7	17. 3. 25
22. —26. 3.	2,9	26. 3. 55	— 19,4	22. 3. 44	— 1,4	26. 3. 55	— 24,8	22. 3. 58
27. —31. 3.	4,7	28. 3. 68	— 19,3	30. 3. 35	0,6	29. 3. 68	— 23,6	29. 3. 01
1. — 5. 4.	2,6	3. 4. 16	— 18,7	3. 4. 70	— 1,2	2. 4. 16	— 22,9	4. 4. 09
6. —10. 4.	5,1	9. 4. 39	— 20,3	7. 4. 56	— 1,5	10. 4. 39	— 23,8	7. 4. 29
11. —15. 4.	5,7	14. 4. 59	— 20,1	13. 4. 13	1,0	14. 4. 59	— 23,0	13. 4. 13
16. —20. 4.	7,3	20. 4. 68	— 19,3	19. 4. 03	1,2	17. 4. 34	— 23,1	19. 4. 03
21. —25. 4.	8,4	22. 4. 68	— 15,5	22. 4. 19	1,8	23. 4. 68	— 20,2	23. 4. 19
26. —30. 4.	8,0	29. 4. 55	— 14,7	26. 4. 60	0,2	26. 4. 47	— 17,8	30. 4. 70
1. — 5. 5.	7,3	5. 5. 61	— 13,3	1. 5. 70	2,2	5. 5. 73	— 17,9	4. 5. 41
6. —10. 5.	8,7	6. 5. 76	— 15,5	6. 5. 57	3,8	10. 5. 58	— 19,8	7. 5. 19
11. —15. 5.	11,5	13. 5. 69	— 11,2	11. 5. 49	5,8	14. 5. 69	— 15,7	11. 5. 53
16. —20. 5.	10,7	18. 5. 75	— 10,4	20. 5. 13	3,8	20. 5. 20	— 13,7	20. 5. 35
21. —25. 5.	14,7	25. 5. 31	— 9,4	23. 5. 70	4,9	25. 5. 31	— 14,8	21. 5. 52
26. —30. 5.	13,8	26. 5. 04	— 7,1	28. 5. 18	5,9	26. 5. 31	— 11,3	26. 5. 33
31. 5.— 4. 6.	14,6	31. 5. 04	— 8,7	3. 6. 62	6,0	4. 6. 47	— 12,4	4. 6. 62
5. — 9. 6.	11,3	7. 6. 21	— 7,9	6. 6. 14	4,6	8. 6. 15	— 12,5	5. 6. 62
10. —14. 6.	14,2	11. 6. 37	— 7,4	12. 6. 74	5,9	11. 6. 35	— 10,1	11. 6. 68
15. —19. 6.	15,5	16. 6. 27	— 7,5	15. 6. 11	7,3	17. 6. 27	— 11,7	18. 6. 23

	Maximum				Minimum			
Pentade	größtes	Datum	kleinstes	Datum	größtes	Datum	kleinstes	Datum
20. —24. 6.	14,6	21. 6.51	— 8,0	22. 6.21	5,3	24. 6.67	—10,7	22. 6.21
25. —29. 6.	14,1	26. 6.35	— 6,0	27. 6.19	9,0	27. 6.35	— 8,5	26. 6.29
30. 6.— 4. 7.	17,6	1. 7.68	— 5,5	1. 7.48	9,9	2. 7.52	— 8,9	30. 6.64
5. — 9. 7.	17,9	5. 7.57	— 6,0	8. 7.54	10,3	5. 7.52	— 8,7	9. 7.03
10. —14. 7.	15,0	10. 7.59	— 5,1	10. 7.69	7,1	13. 7.28	— 7,8	10. 7.13
15. —19. 7.	15,3	17. 7.18	— 5,7	17. 7.70	8,2	15. 7.28	— 8,2	17. 7.22
20. —24. 7.	16,2	23. 7.69	— 4,3	24. 7.60	7,1	23. 7.11	— 7,0	22. 7.31
25. —29. 7.	15,1	27. 7.33	— 4,6	28. 7.26	7,4	28. 7.21	— 8,5	25. 7.39
30. 7.— 3. 8.	15,4	31. 7.51	— 2,9	30. 7.61	8,5	30. 7.47	— 6,8	31. 7.35
4. — 8. 8.	14,3	6. 8.70	— 4,3	4. 8.09	8,3	5. 8.46	— 8,0	8. 8.55
9. —13. 8.	16,5	13. 8.66	— 5,5	12. 8.02	8,0	13. 8.66	— 8,4	13. 8.49
14. —18. 8.	14,9	18. 8.71	— 4,1	15. 8.30	9,3	16. 8.74	— 8,9	14. 8.13
19. —23. 8.	15,6	23. 8.44	— 5,8	19. 8.72	10,2	19. 8.71	— 8,4	22. 8.76
24. —28. 8.	14,6	24. 8.44	— 5,6	26. 8.66	9,4	27. 8.64	— 8,8	25. 8.38
29. 8.— 2. 9.	17,2	1. 9.03	— 4,3	2. 9.41	9,2	30. 8.58	— 9,9	31. 8.40
3. — 7. 9.	13,0	4. 9.02	— 7,3	7. 9.12	7,9	3. 9.11	— 9,6	6. 9.08
8. —12. 9.	11,4	11. 9.05	— 7,2	9. 9.52	6,7	12. 9.66	—13,3	11. 9.72
13. —17. 9.	13,3	13. 9.47	— 9,1	17. 9.71	8,1	17. 9.61	—13,0	17. 9.71
18. —22. 9.	12,8	18. 9.61	— 9,5	22. 9.31	8,4	18. 9.75	—13,0	20. 9.52
23. —27. 9.	10,6	26. 9.67	—12,8	24. 9.31	7,1	26. 9.67	—14,6	24. 9.31
28. 9.— 2.10.	9,0	29. 9.34	—11,0	30. 9.36	5,7	29. 9.34	—14,7	29. 9.36
3. — 7.10.	10,8	6.10.42	—12,2	7.10.05	5,3	7.10.42	—14,8	7.10.17
8. —12.10.	10,3	8.10.03	—12,8	12.10.52	5,3	9.10.76	—15,3	9.10.36
13. —17.10.	6,9	15.10.10	—13,5	17.10.19	3,7	17.10.30	—16,9	15.10.25
18. —22.10.	8,4	21.10.67	—12,2	21.10.70	3,9	21.10.67	—15,8	22.10.72
23. —27.10.	6,2	24.10.71	—14,8	27.10.50	2,4	27.10.75	—18,0	27.10.05
28.10.— 1.11.	6,6	28.10.37	—15,6	30.10.19	2,4	28.10.75	—18,2	31.10.41
2. — 6.11.	4,9	3.11.27	—16,1	5.11.61	1,3	3.11.27	—19,3	2.11.34
7. —11.11.	5,5	8.11.39	—17,5	9.11.21	1,7	8.11.39	—20,6	7.11.12
12. —16.11.	3,3	14.11.67	—18,1	13.11.19	0,0	14.11.67	—24,0	16.11.19
17. —21.11.	4,0	17.11.26	—19,9	17.11.19	0,1	21.11.59	—23,4	17.11.19
22. —26.11.	3,1	25.11.70	—20,1	23.11.09	0,4	25.11.06	—25,2	24.11.09
27.11.— 1.12.	2,6	27.11.27	—22,9	27.11.15	0,8	27.11.27	—25,9	28.11.15
2. — 6.12.	3,8	3.12.48	—24,0	2.12.73	0,7	3.12.48	—26,9	2.12.73
7. —11.12.	2,0	10.12.42	—21,2	10.12.22	—1,2	10.12.42	—24,8	9.12.71
12. —16.12.	1,6	13.12.03	—18,9	15.12.47	—0,2	14.12.42	—25,1	16.12.27
17. —21.12.	3,5	19.12.11	—25,1	17.12.27	—0,4	20.12.32	—31,1	17.12.27
22. —26.12.	1,8	23.12.24	—21,9	26.12.17	—0,3	22.12.24	—27,8	23.12.62
27. —31.12.	2,2	29.12.63	—23,5	30.12.06	—3,1	28.12.63	—27,6	30.12.39

Rekordwerte, und zwar für jede Pentade das größte und kleinste Maximum sowie das größte und kleinste Minimum, jeweils mit der Angabe des Tages, an dem diese Extremwerte gemessen wurden. Die höchste Temperatur wurde am 5. Juli 1957 mit 17,9° C registriert, die tiefste Temperatur am 14. Februar 1940 mit — 35,6° C. Die absolute Temperaturschwankung in 76 Jahren betrug demnach 53,5° C. Im übrigen geht aus den beiden Spalten der Maxima hervor, daß einerseits bei besonders günstigen Temperaturverhältnissen selbst in den Wintermonaten positive Temperaturen auftreten können, während von Mitte Mai bis Mitte Oktober das Thermometer mehr als 10° C anzeigen kann. Andererseits herrscht aber bei Kälteeinbrüchen im Sommer auch tagsüber Frost um — 5°C und von Mitte November bis Mitte April kann die Temperatur auch am Tage unter — 20° C bleiben. Aus den Spalten der Minima ersieht man, daß von Dezember bis Februar, genau vom 4. Dezember bis 17. Februar, das nächtliche Minimum immer unter dem Gefrierpunkt lag. Der früheste und späteste Termin, an denen Frost unter — 30° C verzeichnet wurde, waren der 17. Dezember 1927 und der 6. März 1971. Im Sommer kann es in einer Zeitspanne von etwa 50 Tagen einzelne milde Nächte mit Minima von 10° C geben, und vom 25. Juni bis 10. September wurde noch kein Frost unter — 10° C beobachtet.

5. Frost- und Eistage

Frosttage sind Tage, an denen das Minimum der Lufttemperatur unter den Gefrierpunkt sinkt. Dies ist im langjährigen Durchschnitt auf der Zugspitze an 301 Tagen der Fall. Die meisten Frosttage, nämlich 340, brachte das Jahr 1910, die wenigsten mit 266 Tagen das Jahr 1921. Im warmen August 1944 zählte man nur 2 Frosttage und im August 1973 5 Frosttage. Dieser geringen Frosthäufigkeit stehen die Julimonate 1910 und 1913 mit je 28 Frosttagen gegenüber. Eistage sind Tage, an denen auch das Maximum unter dem Gefrierpunkt bleibt. Als normal gelten für die Zugspitze 222 solcher Tage, wobei sich die extremen Jahre 1912 mit 273 und 1953 mit 188 Eistagen gegenüberstehen. In den Monaten Juni bis September fehlen mitunter die Eistage. In besonders kalten Juli- und Augustmonaten werden jedoch bis zu 12 Eistage gezählt.

Als „kalte Tage" bezeichnet man Tage, an denen das Maximum unter — 10° C bleibt. Der Durchschnitt liegt auf der Zugspitze bei 48 pro Jahr, wobei in den extremen Fällen das Jahr 1944 73 und 1920 nur 16 kalte Tage aufwiesen. Nimmt man das Winterhalbjahr für sich, so liegt der strenge Winter 1962/63 mit 70 solcher Tage an der Spitze.

6. Die Bedeutung der Zugspitz-Beobachtungen

In der vorliegenden Untersuchung konnte nur ein geringer Teil der bisher gesammelten Klimadaten ausgewertet werden. Es wurden dabei bewußt die extremen Temperaturen, die zu den einzelnen Jahreszeiten auf der Zugspitze vorkommen können, herausgestellt, weil die Erfahrung immer wieder zeigt, wie wenig z. B. Touristen mit den Temperaturverhältnissen des Hochgebirges vertraut sind. Auch in der angewandten Klimatologie spielen die Ergebnisse für viele Zweige der Technik und Industrie eine bedeutende Rolle, weil sie Werte unter extremen Witterungsbedingungen darstellen. Die Wetterbeobachtungen auf der Zugspitze haben daher nicht nur aktuelle Bedeutung für die tägliche Wettervorhersage, vielmehr findet ihre klimatologische Auswertung eine Nutzanwendung, die der gesamten Volkswirtschaft zugute kommt. Auch für die Zukunft wird die Bedeutung von Wetterbeobachtungen durch den Menschen trotz fortschreitender Automatisierung kaum geschmälert werden, da für die meisten Klimaelemente — besonders in exponierten Lagen des Hochgebirges — Augenbeobachtungen unerläßlich sind. Die Erwartungen der Erbauer des Zugspitz-Observatoriums, die meteorologischen Erkenntnisse zu mehren, gelten daher auch für die Zukunft.

Literatur

[1] Hauer, H.: Klima und Wetter der Zugspitze. 50 Jahre meteorologische Beobachtungen des Observatoriums Zugspitze. Berichte des Deutschen Wetterdienstes in der US-Zone, Nr. 16, 1950.
[2] Hauer, H., und W. Brunner: Die Wetterstation Zugspitze. Informationen für den Fachdienst. Beilage zum Mitteilungsblatt des Deutschen Wetterdienstes, 6. Jahrgang, Heft 2, Juni 1975.

Ergebnisse der Beobachtungen an den nordchilenischen Hochgebirgsstationen Collahuasi und Chuquicamata

Von Friedrich Lauscher, Wien

Mit 4 Abbildungen

Vorbemerkung

Dr. Walter Knoche, geb. am 7. März 1881 in Berlin, gest. am 3. Juli 1945 in Buenos Aires [1], bat mich im Jahre 1935, sein umfangreiches Beobachtungsmaterial aus 1914 und 1915, gesammelt auf Collahuasi (21°00′ S, 68°45′ W, 4810 m) und Chuquicamata (21°07′ S, 68°31′ W, 2710 m), in Verwahrung zu nehmen und nach Möglichkeit zu veröffentlichen. Am 12. September 1935 erhielt ich es durch Herrn Geheimrat Dr. R. Süring aus Potsdam zugeschickt. Nach wechselvollen und arbeitsreichen Jahrzehnten finde ich erst jetzt Zeit, wie immer unterstützt durch meine Frau, die erstaunlich eingehenden Beobachtungen und Registrierungen mit gebührender Sorgfalt zu bearbeiten. Die Veröffentlichung der Ergebnisse ist nach wie vor gerechtfertigt, handelt es sich doch bei Collahuasi um eine der höchsten Stationen, auf denen jemals präzise meteorologische Daten gesammelt wurden.

Geographisches

In Abb. 1 ist die geographische Lage der wichtigsten meteorologischen Stationen der Andenregion zwischen etwa 15° S und 25 °S skizziert. Tabelle 1 liefert ergänzend die Positionen der Orte und die Entschlüsselung der teilweise verwendeten Abkürzungen. In Nordwest-Argentinien wurden sieben Höhenorte weggelassen. Ihre Lage kann bei

Abb. 1. Kartenskizze der wichtigsten meteorologischen Stationen im Grenzgebiet von Peru, Bolivien, Chile und Argentinien.

Bedarf [2] entnommen werden. Nicht eingezeichnet wurde auch das Stationsnetz des Harvard College, welches zwischen 1888 und 1900 in der Umgebung von Arequipa, Peru, in Betrieb stand [3], ausgenommen die Station auf dem El Misti, 5851 m, selbst. Als Basisstation an der bekanntlich an Hochnebeln reichen Pazifikküste wurde ein Mittel von Arica, Iquique und Antofagasta verwendet (mittlere geographische Daten 20°47' S, 70°19' W, 8 m).

Nach J. Schmithüsen [4] ist das nördliche Drittel von Chile die am dichtesten bevölkerte Wüste der Erde. Chuquicamata, 270 Bahnkilometer von Antofagasta entfernt, ist die größte bekannte Kupferlagerstätte der Erde. Der 25 000 Einwohner zählende Ort bezieht Industriewasser von einem 60 km entfernten Fluß und Quellwasser aus 95 km Entfernung. Als Brennstoff wird die in 3500 bis 4000 m Höhe wachsende Polsterpflanze Llareta verwendet.

Auch der Kupferminenort Collahuasi wird von der Bahn erreicht, ohne daß — mit Ausnahme einer Brücke über den Loa-Fluß — Kunstbauten nötig wären. Die Bergkrankheit macht in dieser Höhe arge Beschwerden.

Tabelle 1. Geographische Daten der wichtigsten meteorologischen Stationen des Untersuchungsgebietes und seiner weiteren Umgebung

Staat	Station (evtl. Abkürzung)	Breite (S)	Länge (W)	Höhe (m)
Chile	Collahuasi	21°00'	68°45'	4810
	Chuquicamata	21°07'	68°31'	2710
	Ollagüe	21°13'	68°16'	3695
	Arica	18°29'	70°20'	10
	Iquique	20°12'	70°11'	10
	Antofagasta	23°39'	70°25'	5
	Tacna (Tac)	18°	70°	560
	Calama (Cal)	22°	69°	2250
	Taltal (Tal)	26°	71°	39
Peru	El Misti	16°16'	71°25'	5851
	Arequipa (Ar)	16°22'	71°33'	2451
	Mollendo (Mo)	17°05'	73°00'	24
Bolivien	El Alto (El)	16°	68°	4103
	Chacaltaya (Chac)	16°	68°	5490
	Charana (Char)	18°	70°	4059
	Oruro (Or)	18°	67°	3706
Argentinien	La Quiaca (La)	22°	66°	3459
	Corrida de Cori	25°06'	68°20'	5100

Beobachtungsmaterial und Auswertungen

Von beiden Orten liegen aus dem Zeitraum Juli 1914 bis inkl. Dezember 1915 Monatstabellen dreimal täglicher Beobachtungen zu den Terminen 7, 14, 21 Uhr vor. Das komplette Jahr 1915 wurde auch in Jahresübersichten zusammengestellt.

Die Stundenauswertungen der Registrierungen von Temperatur und Luftfeuchtigkeit waren für Collahuasi und Chuquicamata fast immer möglich. Für Collahuasi gilt dies auch für den Sonnenscheinschreiber Campbell-Stokes, während für Chuquicamata die Sonnenscheindaten fast nur aus 1915 existieren. Luftdruckauswertungen gibt es für

Collahuasi aus Juli bis Dezember 1915. In Chuquicamata begannen sie schon im Juli 1914, und nur der Mai 1915 war nicht auswertbar. Lückenhafter sind die Windauswertungen (Collahuasi: Richtung VII 1914—VIII 1915, X 1915; Stärke [m/s]: VII 1914—V 1915), (Chuquicamata: Richtung VI—IX 1915; Stärke [m/s]: VII, IX—XI 1915). Aus Chuquicamata gibt es außerdem noch Registrierungen der Verdunstung einer Wildschen Waage aus Juli bis Dezember 1915.

Schließlich sei auf die für Stationen dieser Höhenlage wohl einmaligen eingehenden Messungen der Bodentemperatur hingewiesen. In Collahuasi erfolgten sie im Gesamtzeitraum zu den Terminen 8, 14 und 20 Uhr in 2, 5, 10 und 15 cm Tiefe, um 14 Uhr außerdem in 25, 50, 75, 100, 125 und 150 cm Tiefe. Aus Chuquicamata liegen die Meßergebnisse nur für Juli bis September 1915 von 14 Uhr in den Tiefen 20, 25, 50, 75, 100, 125 und 150 cm vor. Bemerkt sei noch, daß in Collahuasi stets auch die Temperatur eines 2 cm über dem Boden exponierten Thermometers notiert wurde.

Bereichert wird dieses umfangreiche Datenmaterial noch durch schriftliche Berichte W. Knoches zur Bioklimatologie dieser Hochgebirgsregion, insbesondere auch über auch heute noch wenig bekannte Aspekte der Bergkrankheit, über das Andenleuchten usw.

Im folgenden werden zunächst Berichte über die einzelnen Elemente der Beobachtungen ausgearbeitet und diese schließlich zu einer Gesamtschau des Klimas dieser Hochgebirgsregion zusammengefaßt.

Sonnenschein

Weder Chuquicamata noch Collahuasi sind Gipfelstationen, es liegen vielmehr beide Orte in ungefähr nach Süden gerichteten Hochtälern. Die Abschattung durch die Bergumrahmung wurde nach der „Brandspur-Methode" aus den Registrierungen an klaren Tagen bestimmt. In Chuquicamata mit 3949 Stunden möglicher Sonnenscheindauer im Jahr (gegen die astronomisch mögliche Zahl von 4434 Stunden) geht die Sonne im Mittel erst bei einem Höhenwinkel von 8°15' auf, in Collahuasi mit 4131 möglichen Besonnungsstunden im Jahr durchschnittlich bei einem Höhenwinkel von 4°45'. Weitere Daten siehe Tabelle 2.

Tabelle 2. Monatliche und jährliche Durchschnittswerte der astronomischen, der örtlich höchstmöglichen und der tatsächlichen Besonnung in Collahuasi und Chuquicamata (21° S)

	Jän.	Feb.	März	April	Mai	Juni	Juli	Aug.	Sept.	Okt.	Nov.	Dez.	Jahr
A. Astronomisch mögliche Besonnung													
Aufgang	5,4	5,6	5,8	6,2	6,4	6,6	6,5	6,3	6,0	5,7	5,4	5,3	
Untergang	18,6	18,4	18,2	17,8	17,6	17,4	17,5	17,7	18,0	18,3	18,6	18,7	
Stunden	412	363	381	351	347	325	341	356	360	390	393	415	4434
B. Örtlich mögliche Besonnung													
a) Collahuasi													
Aufgang	5,9	5,8	5,9	6,5	6,6	(6,3)	6,6	6,5	6,1	5,7	5,9	5,7	
Untergang	18,3	17,9	17,5	17,3	16,7	16,4	16,6	17,1	17,5	17,5	18,3	18,1	
Stunden	385	342	360	324	313	303	310	329	342	366	372	385	4131
% d. astr. Dauer	93,5	94,2	94,4	92,3	90,2	93,3	90,9	92,5	95,0	93,9	94,7	92,8	93,2
b) Chuquicamata													
Aufgang	6,1	6,3	6,5	6,9	7,2	7,4	7,3	7,1	6,7	6,4	6,2	6,0	
Untergang	18,2	18,0	17,7	17,1	16,8	16,7	16,7	17,0	17,5	17,9	18,1	18,2	
Stunden	375	331	347	306	298	279	291	307	324	356	357	378	3949
% d. astr. Dauer	91,0	91,2	91,1	87,2	86,0	85,9	85,4	86,3	90,1	91,2	90,9	91,0	88,7

	Jän.	Feb.	März	April	Mai	Juni	Juli	Aug.	Sept.	Okt.	Nov.	Dez.	Jahr

C. **Tatsächlich registrierte Dauer** (in Stunden = St. und in Prozenten der örtlich möglichen Dauer = %)

a) Collahuasi

1914 St.							298	319	258	330	350	321	
%							96,1	96,9	75,5	90,3	94,2	83,4	
1915 St.	292	172	320	303	298	247	255	298	(291)	304	348	266	3394
%	76,0	50,8	88,9	93,4	95,1	81,7	82,4	90,6	85,2	83,0	93,5	69,1	82,3

b) Chuquicamata

1914 St.							(270)						
%							92,9						
1915 St.		289	321	294	287	262	266	296	312	320	351	361	
%		88,3	92,7	96,3	96,2	94,1	91,4	96,5	96,4	90,0	98,2	95,4	
1916 St.	337												
%	90,0												

D. **Summenwerte Sonnenschein in % plus Bewölkung in %**

a) Collahuasi

| 1914 | | | | | | | 107 | 105 | 106 | 105 | 116 | 109 | |
| 1915 | 113 | 108 | 116 | 107 | 104 | 106 | 107 | 109 | 95 | 105 | 108 | 93 | |

b) Chuquicamata

| 1914 | | | | | | | 103 | | | | | | |
| 1915 | | 109 | 104 | 102 | 100 | 106 | 108 | 112 | 103 | 105 | 107 | 116 | |

Zweimal im Jahr, bei einer Sonnendeklination von — 21°, das ist Ende November und Mitte Jänner, steht die Sonne mittags im Zenit. Die Sommermonate sind Dezember bis Februar, die Wintermonate Juni bis August.

Die Tagbogenverkürzung durch den Bergschatten ist in Collahuasi im Sommer früh und abends nur gering, im Winter morgens gleichfalls klein, während zu dieser Jahreszeit die Sonne abends um rund eine Stunde verfrüht untergeht. In Chuquicamata erfolgt der Sonnenaufgang ganzjährig um etwa eine Dreiviertelstunde später als auf den Bergspitzen und eine gleich große Minderung der Besonnungszeit gilt auch für die Abendstunden. Diese Daten sind wichtig für Betrachtungen der Tagesgänge verschiedener meteorologischer Elemente.

Aus den Stundenzahlen des Teiles C der Tabelle 2 kann man die Jahressummen der Sonnenscheindauer in Collahuasi zu rund 3450 Stunden abschätzen, in Chuquicamata zu rund 3700 Stunden. Diese Zahlen (und auch Werte für Jänner und Juli) sind wesentlich höher als die Zahlen, welche man den Weltkarten in [5] für den Punkt 21° S, 69° W entnehmen könnte:

	aus den Weltkarten	Chuquicamata	Collahuasi
Jänner	220	337	292
Juli	190	268	276
Jahr	1600 oder 2800	3700	3450
	(Die Linienführung ist nicht eindeutig)		

Die Ergebnisse der Sonnenscheinregistrierungen auf den beiden Höhenstationen stehen in bestem Einklang mit den später noch genauer zu besprechenden Bewölkungsschätzungen. Mittelung der Werte für Sonnenschein plus Bewölkung, beide in Prozenten angegeben in Teil D der Tabelle 2, ergibt für Collahuasi 105%, für Chuquicamata 106%. Darin drückt sich die bekannte Mehrleistung des Sonnenscheinautographen aus, der Brandspuren auch bei Sonne hinter hohen Wolkenschleiern liefert. In fast wolkenlosen Monaten dieser Wüstenregion wird diese Mehrleistung verschwindend klein. Ein Musterbeispiel hiefür bietet der Mai 1915 in Chuquicamata: Bewölkungsmittel 0,4 Zehntel der Himmelsfläche = 4,0%, Sonnenscheindauer in % der örtlich möglichen Dauer 96,2%, Summe 4,0 + 96,2 = 100,2%. Sieht man von den ganz wolkenarmen Monaten ab, so beträgt die Mehrleistung bei Bewölkungsmitteln um 1 bis 2 Zehntel rund 8%, bei 3 bis 4 Zehnteln rund 9%, um dann in den seltenen Monaten mit reichlicherer Quellbewölkung wieder auf 8% oder weniger abzusinken.

Tabelle 3 enthält, gerundet auf volle Stunden, die Tagesgänge der Sonnenscheindauer für alle einzelnen Monate mit Registrierungen. Bei Summen unter 0,5 wurde eine 0 angeschrieben. Kleine Lücken in den Aufzeichnungen wurden sinngemäß ergänzt.

Im Wüstenklima der nordchilenischen Gebirge kommen die (aufgerundeten) Zahlen oft der Zahl der Monatstage gleich, es scheint also die Sonne fast ununterbrochen. Namentlich ist dies im Hochwinter der Fall (in Collahuasi im Juli und August von 7 bis 13 Uhr, in Chuquicamata im August von 8 bis 15 Uhr, im Juni und Juli allerdings nur von 9 bis 11 Uhr). Auch Frühjahrsmonate, wie der November in Collahuasi und September sowie November in Chuquicamata, können fast frei von Wolkenstörungen verlaufen. In Chuquicamata brachten noch im Dezember die Morgen- und Abendstunden stets vollen Sonnenschein, in Collahuasi nur mehr die Abendstunden. Der Hochsommer mit den Monaten Jänner bis März verursacht in Chuquicamata immer wieder, allerdings nur geringe Verminderungen der Einstrahlung. Stärker ist die Wolkentätigkeit in dieser Jahreszeit im höchsten Hochgebirge: Mit dem höchsten Sonnenstand ist eine sehr bescheidene „Regenzeit" von Norden herangewandert. Wir werden noch sehen, daß diese „Regenzeit" vorwiegend einzelne kurzzeitige Schneeschauer hervorbringt. Im Herbst sind dann wieder einige Vormittagsstunden völlig ungestört sonnig.

Im trübsten Monat, dem Februar in Collahuasi, blieb nur der 25. völlig sonnenlos. An diesem Tag fielen 12,5 mm Niederschlag. Der Tag stärksten Niederschlags, der 9. mit 18,0 mm, hatte immerhin 5,4 Stunden Sonnenschein. Durchschnittlich schien an einem der 12 Tage mit Niederschlag die Sonne 4,4 Stunden lang, an einem der 16 niederschlagsfreien Tage 10,8 Stunden lang. Die Schauerwolken hüllen auch das Hochgebirge nur teilweise ein.

Wir wenden uns nun der aktuellen Frage zu, welche Energiesummen durch die in diesem Klima nur wenig behinderte Sonnenstrahlung einlangen. A. Huber aus Valdivia, Chile, hat seiner Münchner Dissertation [6] für ganz Chile Karten mit den einschlägigen Berechnungen beigegeben, denen wir die für Collahuasi und Chuquicamata entsprechenden Punkte, teilweise unsicher interpolierend, die folgenden Daten entnehmen:

Potentielle Sonnenstrahlung auf eine horizontale Fläche in kcal/cm²:

	Frühling	Sommer	Herbst	Winter	Jahr
Collahuasi	75	85	75	54	275
Chuquicamata	68	80	68	50	261

Tabelle 3. Tagesgänge der Monatssummen der Sonnenscheinstunden in Collahuasi und Chuquicamata

Tagesstunden

	5–	6–	7–	8–	9–	10–	11–	12–	13–	14–	15–	16–	17–	18–	Summe
A. Collahuasi															
1914															
Juli		6	31	31	31	31	31	31	30	30	30	16			298
Aug.		15	31	31	31	31	31	31	30	30	30	26	1		319
Sept.	0	10	20	24	26	26	26	26	26	24	25	21	3		258
Okt.	4	24	28	29	30	30	30	30	30	30	30	30	6		330
Nov.	1	25	28	28	28	28	29	30	30	30	30	29	28	6	350
Dez.	2	21	23	24	24	24	23	25	28	30	31	31	27	7	321
1915															
Jän.	4	22	28	29	27	27	26	23	23	20	20	22	20	1	292
Febr.	2	16	21	24	24	20	16	12	9	9	7	8	6		172
März	2	19	30	30	30	29	26	26	28	27	29	29	15	0	320
April		2	24	30	29	29	29	29	29	29	29	28	17	0	303
Mai	0	23	30	31	31	30	30	29	29	29	29	6			298
Juni		15	24	26	27	27	26	26	26	25	23	4			247
Juli		3	22	25	26	26	27	27	27	27	27	17			255
Aug.		11	27	29	29	29	30	29	29	29	30	25	1		298
Sept.		6	27	27	27	27	28	28	28	29	26	23	15		291
Okt.		15	27	28	28	28	28	27	27	27	28	28	14		304
Nov.		20	29	30	30	30	30	30	30	30	30	29	26	5	348
Dez.	2	10	23	28	29	26	23	22	23	22	19	17	14	8	266
B. Chuquicamata															
1914															
Juli			17	30	31	31	30	29	29	29	27	17			270
1915															
Febr.		12	25	28	28	28	27	26	26	26	22	23	17		289
März		7	29	30	30	30	30	29	29	28	30	30	17		321
April		1	23	29	30	30	30	29	30	30	29	28	5		294
Mai		1	18	30	30	31	31	31	30	30	30	25			287
Juni			15	29	30	30	29	29	29	28	27	17			262
Juli			19	29	30	29	29	28	28	28	28	17			266
Aug.		0	25	31	31	31	31	31	31	31	30	24	1		296
Sept.		8	29	29	30	30	30	30	29	30	30	30	9		312
Okt.		16	27	29	30	30	30	30	30	28	28	27	16		320
Nov.		23	30	30	30	30	30	30	30	30	29	30	28	2	351
Dez.		27	31	31	31	30	29	30	30	29	30	31	27	3	361
1916															
Jän.		20	29	28	29	29	30	29	30	30	30	29	24	1	337

Bei Berücksichtigung der Bewölkung vermindern sich die Jahressummen in Collahuasi auf 238, in Chuquicamata auf 245 kcal mit folgender Verteilung auf die Jahreszeiten: Collahuasi Fr. = 63, So. = 68, He. = 66, Wi. = 47; Chuquicamata Fr. = 66, So. = 73, He. = 64, Wi. = 45 kcal.

A. Huber errechnet aus diesen Strahlungsdaten u. a. die höchstmögliche Produktivität der Vegetation bei optimaler Bewässerung. Seine Strahlungswerte stützen sich auf Berechnungen von J. Buffo und Mitarbeitern [7] für 1500 m Höhe unter Annahme einer Solarkonstante von 1,95 cal/cm² min und eines atmosphärischen Transmissionskoeffizienten von 0,9. Der Einfluß der Seehöhe und der Bewölkung auf die Strahlungssummen wird nach Erfahrungswerten aus den Alpen abgeschätzt. Die Gültigkeit der angenommenen Strahlungsintensitäten läßt sich jedoch mittels alter Meßergebnisse aus den Anden überprüfen. Wir entnehmen [8] die folgenden Daten:

Arequipa, Peru, 16° S, 63° W, 2451 m, August 1912 – März 1915,
Calama, Chile, 22° S, 69° W, 2250 m, Juli 1918 – Juli 1920,
Mt. Montezuma, Chile, 23° S, 69° W, 2700 m, August 1920 – April 1928,
La Confianza, Argentinien, 22° S, 66° W, 4483 m, August – September 1913,
La Quiaca, Argentinien, 22° S, 66° W, 3492 m, September 1912 – Oktober 1913.

Die Messungen aus Argentinien wurden durch F. H. Bigelow veröffentlicht, die aus Peru und Chile durch C. G. Abbot (Smithsonian Institution). Der Bearbeiter H. H. Kimball hat in [8] vor allem die Intensitätswerte in cal/cm² min nach Durchstrahlung einer Luftmasse $m = 2$ mitgeteilt. Sie lauten im Jahresmittel für Arequipa 1,323, für Calama 1,432, für Mt. Montezuma 1,476, für La Quiaca 1,488, für La Confianza (nur aus Augustbeobachtungen) schätzungsweise 1,59 bis 1,63. Die Regressionsgleichung zwischen der Intensität I (bei $m = 2$) und der Höhe H in km errechneten wir zu $I = 1,188 + 0,0978\,H$. Sie gilt vorwiegend für den Höhenbereich von 2 bis 5 km. Für Chuquicamata ($H = 2,7$) interpoliert man $I = 1,45$, für Collahuasi ($H = 4,8$) $I = 1,66$.

Für $H = 1,5$ km findet man nur $I = 1,335$ statt nach Buffo [7] aus $I = 1,950 \times 0,9^2 = 1,580$. An dieser Diskrepanz ist der etwas kleinere, von Kimball angenommene Wert der Solarkonstante von 1,937 nur mit 7 Promille beteiligt. Die den Berechnungen in [6] zugrunde gelegten Intensitätswerte der Sonnenstrahlung (bei $m = 2$) dürften um 17,5% überschätzt sein.

Unschwer errechnet man aus Kimballs Daten die Intensität der Sonnenstrahlung bei $m = 1$, also für die Mittagszeit für Chuquicamata zu 1,68, für Collahuasi zu 1,79 cal/cm² min. Durch Multiplikation mit dem Sinus der mittägigen Sonnenhöhe erhält man die Bestrahlung ebenen Bodens durch die Mittagssonne (im Juni ist $\sin h = 0,71$, im Dezember natürlich 1,00).

Nun sei ein Verfahren in Erinnerung gebracht [9], welches ganz mühelos die Errechnung der Sonnenstrahlungssummen schon allein aus den Mittagswerten der Bestrahlung ermöglicht. Man braucht nur den Mittagswert von $I \sin h$ mit dem Faktor 0,55 zu multiplizieren, so hat man bereits den Tagesmittelwert von $I \sin h$. Multipliziert man weiter mit 60 (Minuten in der Stunde) und der höchstmöglichen Sonnenscheindauer in Stunden im Monat und dividiert schließlich durch 1000, so hat man die monatliche Bestrahlungssumme bei stets wolkenlosem Himmel in Cal/cm². Monatliche Proberechnungen ergaben folgende Werte der potentiellen Bestrahlung auf eine horizontale Fläche (in Cal/cm²):

	Frühling	Sommer	Herbst	Winter	Jahr
Collahuasi	63	64	54	50	231
Chuquicamata	60	60	50	47	217

Dabei wurde auch den an sich geringen Jahresgängen der Sonnenstrahlungsintensitäten (bei durchstrahlter Luftmasse $m = 2$ ist I etwa um 0,02 im Winter und Frühjahr größer als im Sommer und Herbst) Rechnung getragen. Dieses einfache Verfahren dürfte heutzutage, wo man die Sonnenenergie technisch zu nutzen trachtet, vielfach unnütze Rechnungen ersparen helfen.

Es sei noch angefügt, daß aus der Karte der jährlichen Globalstrahlung in [5] für das Gebiet um Collahuasi und Chuquicamata Werte zwischen 180 und 200 Cal/cm² entnommen werden könnten, an der Küste bei Arica 160, bei Iquique 180, bei Antofagasta sogar etwas über 200. Die großzügige Linienführung in diesen Weltkarten kann natürlich nicht Detailkenntnisse für die Gebirgsländer vermitteln, es ist aber vielleicht doch auch fraglich, ob die Darstellung im Küstenbereich richtig ist. Ist nicht Iquique reicher an Hochnebeln als Arica? Wir können Belege hierfür später erörtern.

Lufttemperatur

Tabelle 4 enthält die monatlichen Mittel- und Extremwerte der Lufttemperatur in °C für Collahuasi, 4810 m, aus Juli 1914 bis Dezember 1915. Für das komplette Jahr 1915 ist auch eine Zeile mit den Jahresmitteln aufgenommen.

Analog wurde für Chuquicamata, 2710 m, verfahren (siehe Tabelle 5). Hier funktionierten die Extremthermometer im Jahre 1914 nicht immer einwandfrei: Die mittleren Extreme mußten zum Teil nach den Registrierungsauswertungen korrigiert werden. Die absoluten Extreme waren zeitweise den Terminen entnommen und wurden von uns mit Korrekturen von + 0,9° bei den Höchstwerten und − 3,4° bei den Tiefstwerten auf die absoluten Extreme umgerechnet. Die Beträge dieser Korrekturen waren aus den Beobachtungen des Jahres 1915 abgeleitet worden.

Dem chilenischen Jahrbuch [10] entnahmen wir Vergleichswerte aus 1915 für Ollagüe 21°13′ S, 68°16′ W, 3695 m und für die Küstenorte Arica 18°28′ S, 70°20′ W, 10 m, dem vermutlich niederschlagsärmsten Ort der Erde, sowie Iquique 20°12′ S, 70°11′ W, 10 m. Für Antofagasta 23°39′ S, 70°25′ W, 15 m standen uns aus jener Zeit nur Beobachtungen aus 1913 zur Verfügung.

Langjährige Normalwerte findet man in den bekannten Lehrbüchern und Tabellensammlungen, z. B. in [11] für die drei genannten Küstenorte (Arica 1911—1950, Iquique 1911—1945, Antofagasta 1944, 1946—1955) und für die argentinische Paßstation (siehe auch [2]) Corrida de Cori 25°06′ S, 68°20′ W, 5100 m, Mittel aus mehrfach unterbrochenen Beobachtungen, 1942—1960).

Von hohem Wert sind natürlich auch Vergleiche mit den Ergebnissen auf dem El Misti, 5851 m [3] sowie — zur Herstellung von Thermoisoplethen der Pazifikküste — die alten Beobachtungen aus Mollendo 17°05′ S, 73°00′ W, 24 m vom März 1892 bis Dezember 1895. J. v. Hann hat dieses aus dem Netz des Harvard College in Peru stammende Material aufgearbeitet [12].

Auf die Schwierigkeiten, aus aerologischen Veröffentlichungen Temperaturwerte für die freie Atmosphäre in 21° S, 69° W zu interpolieren, kommen wir später noch zurück.

Tabelle 4. Monats- und Jahreswerte der Lufttemperatur in °C in Collahuasi (Terminwerte 7, 14, 21 Uhr, M = Tagesmittel (Viertelmittel), Mittlere tägliche Extreme (m. Max, m. Min) und absolute Extreme (a. Max, a. Min und Tage)

	7	14	21	M	m. Max.	m. Min.	a. Max.	Tag	a. Min.	Tag
1914										
Juli	− 6,1	3,1	− 6,3	− 3,9	4,2	− 8,8	8,7	7.	− 12,0	14.
Aug.	− 5,4	3,4	− 6,8	− 4,1	4,6	− 9,0	10,2	22.	− 12,6	18.
Sept.	− 4,6	2,1	− 5,6	− 3,4	3,9	− 7,9	10,5	20.	− 13,4	11.
Okt.	− 1,6	5,4	− 4,6	− 0,9	6,9	− 7,0	11,4	24.	− 11,3	9.
Nov.	1,0	8,1	− 2,7	0,9	9,6	− 5,5	14,5	26.	− 11,0	6.
Dez.	0,8	8,3	− 1,4	1,6	10,1	− 3,9	13,0	22.	− 10,1	18.

	7	14	21	M	m. Max.	m. Min.	a. Max.	Tag	a. Min.	Tag
1915										
Jän.	1,3	10,3	1,2	3,5	12,2	− 1,5	15,6	28.	− 5,3	1., 2.
Febr.	0,4	5,5	0,4	1,7	8,3	− 1,4	12,5	6.	− 6,0	4.
März	0,4	7,2	− 1,2	1,3	9,3	− 3,1	13,6	9.	− 8,7	27.
April	− 0,8	7,6	− 2,3	0,6	9,3	− 4,3	13,7	21.	− 8,1	5.
Mai	− 5,3	4,8	− 5,0	− 2,6	5,9	− 7,0	12,8	7.	− 12,3	24.
Juni	− 9,2	1,5	− 8,0	− 5,9	1,9	− 10,4	5,4	12.	− 15,9	11.
Juli	− 5,3	2,1	− 6,3	− 4,0	3,0	− 9,1	9,9	16.	− 13,8	25.
Aug.	− 4,6	2,9	− 5,7	− 3,3	3,9	− 8,3	8,5	1.	− 12,0	16., 22.
Sept.	− 3,9	3,0	− 5,1	− 2,8	4,0	− 8,4	8,0	13.	− 13,0	7.
Okt.	− 1,5	5,3	− 3,7	− 0,9	7,7	− 6,3	11,0	22.	− 12,5	20.
Nov.	0,4	6,4	− 3,3	0,0	9,6	− 5,1	13,0	21.	− 9,0	4., 5.
Dez.	3,0	7,4	− 0,1	2,5	10,3	− 2,7	14,5	9.	− 6,0	22.
Jahr	− 2,1	5,3	− 3,3	− 0,8	7,1	− 5,6	15,6		− 15,9	

Das Viertelmittel, im Jahresdurchschnitt — 0,9, ist um 0,5 niedriger als das vierundzwanzigstündige Mittel aus den später noch zu besprechenden Auswertungen der Registrierungen. Bedeutend zu hoch, nämlich + 0,8, wäre das Mittel aus den täglichen Extremwerten.

Die Jahresamplitude, berechnet aus den Mitteln für Jänner = 3,5 und für Juni = — 5,9, ist mit 9,4 kleiner als die durchschnittliche (aperiodische) Tagesschwankung von 12,9°. In diesem extrem stark bestrahlten Hochtal ist auch die periodische Tagesschwankung mit 11,4° nicht viel geringer.

Die Schwankung der absoluten Extreme (15,6° am 28. Jänner 1915, — 15,9° am 11. Juni 1915) beträgt 31,5°. Frostfrei blieben nur 7 Tage pro Jahr. Das höchste Minimum war + 1,4° am 20. Jänner 1915. Dauerfrost (Eistage) gab es an 15 Tagen. Frostwechsel (343 Tage pro Jahr) war die Regel.

Tabelle 5. Monats- und Jahreswerte der Lufttemperatur in °C in Chuquicamata (Terminwerte 7, 14, 21 Uhr, M = Tagesmittel (Viertelmittel), Mittlere tägliche Extreme (m. Max, m. Min) und absolute Extreme (a. Max, a. Min und Tage)

	7	14	21	M	m. Max.	m. Min.	a. Max.	Tag	a. Min.	Tag
1914										
Juli	7,1	15,8	8,9	10,0	15,8	3,5	18,9	21.	− 2,5	12.
Aug.	7,3	16,5	7,9	9,9	17,2	2,7	21,6	22.	− 3,5	21.
Sept.	8,1	15,5	9,1	10,9	16,4	4,9	21,1	19.	0,0	11.
Okt.	8,8	13,1	8,7	10,5	17,3	4,4	20,8	24.	3,0	2.
Nov.	8,7	17,8	8,6	11,7	19,7	4,1	24,5	30.	1,5	24.
Dez.	9,9	20,2	11,5	13,4	21,0	5,0	24,7	25.	2,6	9.
1915										
Jän.	9,8	20,7	14,1	14,7	21,7	7,4	26,0	18.	4,5	29.
Febr.	8,4	21,4	13,5	14,2	22,6	6,2	25,0	16.	3,3	5., 6.
März	8,3	20,8	11,8	13,2	21,8	4,9	24,5	2.	0,6	27.
April	7,3	20,4	9,7	11,8	21,6	2,8	24,9	21.	− 0,4	8.
Mai	7,8	19,7	8,3	11,0	21,1	2,5	25,6	7.	− 0,9	21.
Juni	4,9	15,7	6,2	8,2	16,8	1,9	21,5	29.	− 5,4	6.
Juli	3,9	16,4	6,3	8,2	17,6	0,5	24,7	15.	− 4,0	20.
Aug.	5,2	17,7	7,5	9,5	18,6	1,6	23,5	1.	− 1,5	16.
Sept.	6,1	17,2	8,5	10,1	18,4	1,3	22,2	11.	− 3,0	21.
Okt.	7,0	18,7	9,3	11,1	19,8	1,9	22,8	10.	− 0,6	22.
Nov.	7,4	19,1	9,4	11,3	20,3	1,2	22,8	21.	− 2,2	6.
Dez.	8,6	20,5	10,9	12,7	21,2	3,6	24,5	9.	0,7	1.
Jahr	7,1	19,0	9,6	11,3	20,1	3,0	26,0		− 5,4	

Das Viertelmittel, im Jahresdurchschnitt 11,4, ist um 0,3° niedriger als das vierundzwanzigstündige Mittel. Der Durchschnitt aus den mittleren täglichen Extremen wäre im Falle Chuquicamatas nur um 0,2° höher als das Viertelmittel und käme dem wahren Mittel fast gleich.

Die Jahresamplitude, berechnet aus den Mitteln für Jänner = 14,7 und für Juni = 8,2, beträgt 6,5° gegen 9,4° in Collahuasi. Die aperiodische Tagesschwankung, im Jahresmittel 19,7 — 3,6 = 16,1° überwiegt die Jahresschwankung bei weitem. Die periodische Tagesamplitude ist mit 12,6° in der Lage von Chuquicamata merklich geringer als die absolute Tagesschwankung von 16,1° nach den Extremthermometerablesungen. Namentlich die nächtlichen Tiefstwerte müssen demnach über verschiedene Stunden gestreut auftreten.

Die Schwankung der absoluten Extreme ist mit 31,4° fast genau so groß wie in Collahuasi. Eistage gibt es in der Höhe von Chuquicamata keine. 331 Tage blieben frostfrei, 34 brachten Nachtfrost, breit gestreut über die Monate April bis November mit je etwa 6 Tagen/Monat vom Juni bis September.

Frostverhältnisse

Das Material in [13] und [14] gestattet im Verein mit den Beobachtungen in Collahuasi und Chuquicamata sowie an den Küstenorten den Entwurf der Abb. 2 und damit Vergleiche zwischen den Gebirgen Nordchiles und den Alpen.

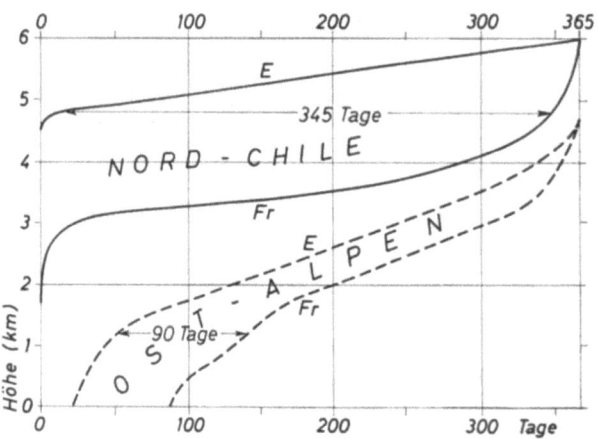

Abb. 2. Vergleich der Höhenabhängigkeiten der Zahl der Eistage (E = Maximum der Lufttemperatur negativ) und der Zahl der Frosttage (Fr = Minimum der Lufttemperatur negativ) pro Jahr zwischen den nordchilenischen Anden und den Ostalpen. Die Bereiche oberhalb der Kurven E entsprechen Dauerfrost, die Bereiche unterhalb der Kurven Fr der frostfreien Zeit. Die Bereiche zwischen den Kurven E und Fr lassen die Zahl der Tage mit Frostwechsel erkennen. In Nordchile liegt die Maximalzone in rund 4750 m mit einem Höchstwert von 345 Tagen pro Jahr, in den Alpen in 1200 m mit einem Höchstwert von rund 90 Tagen.

Während in Österreich auch in niedrigen Lagen rund 30 Eistage im Winter die Regel sind, gibt es in Nordchile Dauerfrosttage erst über etwa 4500 m Höhe. Während jedoch in den Alpen die Lufttemperatur ganz ausnahmsweise noch in 4500 m Höhe über 0° C steigen kann, erfolgt in den nordchilenischen Anden die Zunahme der Zahl der Eistage zwischen 5 und 6 km Höhe sehr rasch, und über 6 km bleibt die Temperatur fast immer unter 0°.

Frost unter etwa 1700 m Höhe dürfte in Nordchile eine lokalbedingte Ausnahme sein[1], in den niedrigen Lagen Österreichs gibt es Normalzahlen von rund 90 bis 100 Frosttagen pro Jahr.

Während aber in den Ostalpen das reguläre Maximum der Frostwechseltage nur 90 beträgt und in etwa 1200 m Höhe anzutreffen ist, gibt es in den nordchilenischen Gebirgen zwischen 3 und 6 km Höhe eine mächtige Zone, in der Frostwechsel die Regel ist. Der Maximalwert mit 345 Tagen in 4750 m Höhe ist aus Abb. 2 ablesbar. Für Collahuasi lauten die Zahlen: Eistage 15, Frosttage 358, Frostwechseltage 343, frostfreie Tage 7, für Chuquicamata: Eistage 0, Frosttage 34, Frostwechseltage 34, frostfreie Tage 331. An der Pazifikküste waren die Minima der Lufttemperatur nach jahrzehntelangen Beobachtungen in Arica 4,2°, in Iquique 8,0° und in Antofagasta 4,2° C.

Tagesgänge der Lufttemperatur

Die Tabellen 6 und 7 enthalten für Collahuasi bzw. für Chuquicamata die nach Monaten und für das Jahr gemittelten Stundenwerte der Lufttemperatur. Für Juli bis Dezember standen Registrierungen sowohl aus 1914 wie aus 1915 zur Verfügung, die Daten wurden gemittelt.

Für Tabelle 8 wurden die Meßwerte zu den Terminen von Arica, Iquique und Antofagasta herangezogen, aber auch die kompletten Tagesgänge für Mollendo aus dem Material des Harvard College [3], bearbeitet von J. Hann [12].

Schließlich wurden zum Entwurf der Thermoisoplethen in Abb. 3 für die Gipfellage in 6 km Höhe das Material des El Misti, 5851 m, und aerologisches Material aus [15, 16, 17] von ganz Südamerika herangezogen, um für den Punkt 21° S, 69° W einigermaßen brauchbare Angaben machen zu können.

In Abb. 3 konnten somit die Tages- und Jahresgänge an der Küste denen in Gipfelhöhe und denen in den Hochtallagen von Chuquicamata und Collahuasi gegenübergestellt werden, zur Bereicherung der von C. Troll bevorzugten Klima-Charakteristik (vgl. z. B. [5] mit einer weltweiten Auswahl von Thermoisoplethen).

Tabelle 6. Mittlere Tagesgänge der Lufttemperatur in Collahuasi, 4810 m, nach den Thermographenauswertungen aus Juli 1914 bis Dezember 1915

Stunden

	2	4	6	8	10	12	14	16	18	20	22	24	Mittel
Jän.	0,0	− 0,7	− 0,8	4,6	8,3	**10,7**	10,3	9,0	6,7	2,3	0,8	0,4	4,3
Febr.	− 0,5	− 0,7	− 0,9	3,0	5,3	6,8	5,5	4,5	2,8	1,0	0,0	− 0,1	2,2
März	− 2,2	− 2,6	− 2,1	3,8	7,0	8,5	7,2	5,7	1,8	− 0,8	− 1,5	− 1,8	1,9
April	− 3,4	− 3,6	− 3,7	4,3	6,8	8,7	7,6	6,3	1,1	− 1,6	− 2,7	− 3,3	1,3
Mai	− 5,8	− 6,6	− 6,0	0,5	3,3	5,4	5,5	3,6	1,6	− 4,5	− 5,6	− 6,0	− 1,5
Juni	− 9,5	− 9,7	**− 9,8**	− 4,6	− 1,3	1,0	1,0	− 0,5	− 4,8	− 7,5	− 8,3	− 8,2	− 5,3
Juli	− 7,4	− 7,8	− 8,0	− 3,2	1,0	2,8	2,6	0,9	− 3,8	− 5,8	− 6,3	− 6,9	− 3,4
Aug.	− 7,8	− 7,9	− 7,9	− 2,2	1,7	3,6	3,1	1,6	− 3,4	− 5,4	− 6,7	− 7,2	− 3,2
Sept.	− 7,4	− 7,6	− 7,1	− 2,0	1,1	3,3	2,6	1,2	− 2,7	− 4,6	− 5,6	− 6,6	− 2,9
Okt.	− 5,6	− 6,1	− 4,9	− 0,7	4,2	6,0	5,4	4,0	− 0,6	− 3,5	− 4,6	− 5,1	− 0,8
Nov.	− 4,4	− 4,8	− 3,2	2,8	6,2	7,9	7,2	5,6	1,0	− 2,2	− 3,3	− 3,8	0,8
Dez.	− 2,4	− 2,6	− 1,8	4,0	7,3	8,3	7,9	6,5	3,0	0,0	− 1,4	− 1,8	2,2
Jahr	− 4,7	− 5,1	− 4,7	0,9	4,2	6,1	5,5	4,1	0,2	− 2,7	− 3,8	− 4,2	− 0,4

[1] Aus La Joya, Peru, 17° S, 72° W, 1262 m, ist ein absolutes Minimum von − 1,1 bekannt.

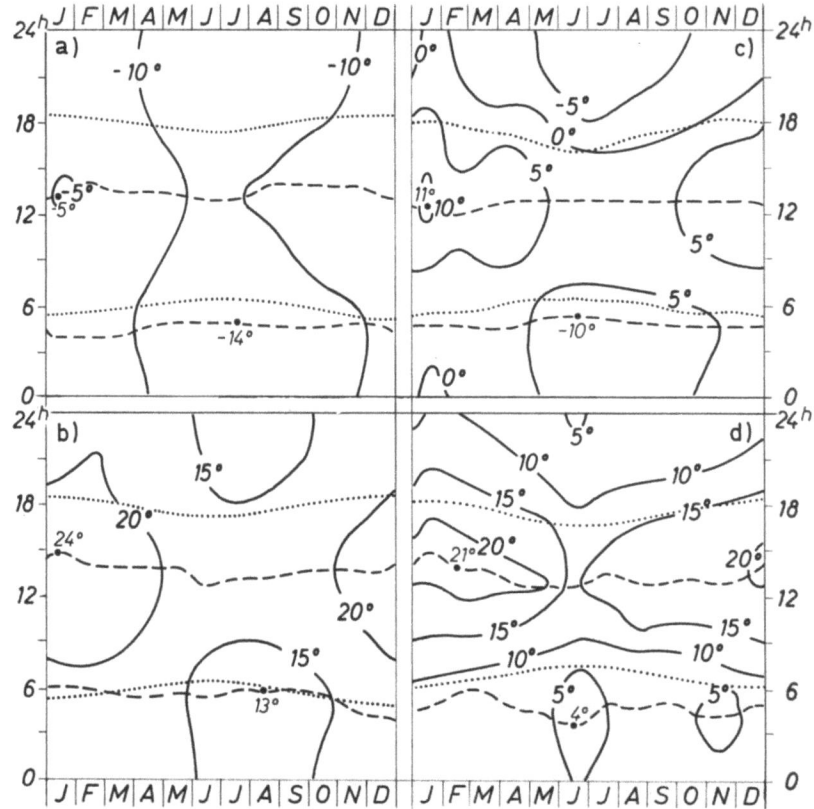

Abb. 3. Thermoisoplethen für Orte verschiedener Höhenlage in Nordchile: a) freie Lage in rund 6000 m Höhe, b) Küste in etwa 21° S, unter häufigen Hochnebeln, c) Hochtal Collahuasi, 4810 m, d) Hochtal Chuquicamata, 2710 m. In a) und b) sind auch Linien der astronomischen Sonnenauf- und Untergänge eingezeichnet, in c) und d) jeweils die Linien der örtlichen Auf- und Untergänge. Ferner sind in allen Teilen die Zeiten der Tageshöchst- und -tiefstwerte durch Linienzüge ersichtlich gemacht.

Tabelle 7. Mittlere Tagesgänge der Lufttemperatur in Chuquicamata, 2710 m, nach den Thermographenauswertungen aus Juli 1914 bis Dezember 1915

	Stunden												
	2	4	6	8	10	12	14	16	18	20	22	24	Mittel
Jän.	9,6	9,3	9,3	11,6	15,9	19,1	20,7	20,4	18,8	15,5	12,6	10,8	14,5
Febr.	9,4	8,4	7,9	11,1	17,1	20,6	21,4	20,0	18,0	14,6	12,5	10,5	14,2
März	8,1	7,7	7,3	11,0	17,4	20,0	20,8	19,5	16,9	12,9	10,7	8,3	13,4
April	6,4	5,6	5,7	9,7	17,3	19,9	20,4	18,9	15,1	11,2	8,3	7,2	12,1
Mai	6,6	6,3	6,1	11,1	17,0	19,3	19,7	17,9	13,3	9,9	7,4	6,8	11,8
Juni	4,2	3,5	3,9	6,6	12,1	14,4	14,6	13,4	9,6	6,3	5,1	5,0	8,2
Juli	5,4	5,2	5,0	6,6	12,0	14,8	15,7	14,9	11,8	8,8	6,6	5,9	9,6
Aug.	6,4	6,0	6,2	9,6	15,3	17,0	17,1	16,2	12,6	9,2	7,0	6,4	10,6
Sept.	6,2	6,2	5,8	10,3	14,6	16,4	16,4	15,4	12,4	9,6	7,8	6,6	10,6
Okt.	6,0	5,7	6,0	10,6	15,0	17,1	17,6	16,6	14,0	10,1	8,0	6,6	11,0
Nov.	5,0	4,4	4,8	11,6	15,9	18,3	18,6	17,4	14,4	10,2	7,6	5,6	11,2
Dez.	6,9	6,3	6,8	12,6	16,8	19,6	20,4	19,2	16,4	12,4	10,0	8,0	12,9
Jahr	6,7	6,2	6,2	10,2	15,5	18,0	18,6	17,5	14,4	10,9	8,6	7,3	11,7

Tabelle 8. Mittlere Tagesgänge der Lufttemperatur an der nordchilenischen Küste in 21° S, 70° W, abgeleitet aus Ablesungen in Arica, Iquique und Antofagasta sowie aus Registrierungen in Mollendo

	Stunden												
	2	4	6	8	10	12	14	16	18	20	22	24	Mittel
Jän.	19,0	18,8	18,6	21,0	22,4	23,3	23,9	23,7	21,7	19,9	19,5	19,2	21,0
Febr.	19,3	19,0	18,8	21,2	22,6	23,3	**24,0**	23,6	22,0	20,3	19,8	19,6	21,1
März	18,1	17,9	17,8	19,9	21,5	22,2	22,5	21,9	20,1	18,8	18,5	18,3	19,8
April	16,5	16,3	16,2	18,0	19,6	20,4	20,6	20,0	18,1	17,0	16,7	16,6	18,0
Mai	15,4	15,3	15,2	16,5	18,2	18,9	19,2	18,5	16,9	16,1	15,7	15,5	16,8
Juni	14,4	14,2	14,1	14,8	16,6	17,5	17,5	16,6	15,2	14,8	14,6	14,5	15,4
Juli	13,9	13,7	13,5	14,0	15,8	16,8	16,9	16,2	14,9	14,5	14,3	14,2	14,9
Aug.	13,9	13,6	**13,4**	14,1	15,9	16,9	17,1	16,4	15,1	14,5	14,3	14,2	14,9
Sept.	14,4	14,2	14,0	15,0	16,8	17,8	18,2	17,2	15,7	15,1	14,8	14,7	15,7
Okt.	15,1	14,9	14,8	16,4	18,0	19,1	19,4	18,4	16,5	15,9	15,6	15,4	16,6
Nov.	16,1	16,0	16,1	18,3	19,7	20,8	21,5	20,6	18,4	17,2	16,7	16,4	18,1
Dez.	17,6	17,3	17,6	19,6	21,2	22,1	22,8	22,0	20,1	18,7	18,2	17,8	19,6
Jahr	16,1	15,9	15,8	17,4	19,0	19,9	20,2	19,5	17,9	16,9	16,5	16,3	17,6

Die Bilder a) und b) der Abb. 3 zeigen — trotz 6 km Höhenunterschied und abgesehen von einem Unterschied der Absolutwerte von 27,4° — im Jahresmittel eine deutliche Ähnlichkeit der Tages- und Jahresgänge auf. An der Küste ist das Jahresmittel der periodischen Tagesschwankung 4,4°, für die Gipfelregion mußte noch immer ein Betrag von 3,2° angenommen werden. Die Jahresschwankung ist an der Küste 6,2° und fast gleich groß in 6 km Höhe, nämlich um 6°. Die Stunden des regulären Maximums der Lufttemperatur ergaben sich für 6 km Höhe für 13 und 14 Uhr des Jänner, die des regulären Minimums für 4 bis 6 Uhr des Juli. An der Küste, im maritimen Klima, sind diese Zeiten etwas verspätet: regulärer Höchstwert um 14 Uhr im Februar, regulärer Tiefstwert um 6 Uhr im August. Die Beträge der genannten Extreme lauten für den Küstenbereich 13,4° bis 24,0°, für das Hochgebirge in 6 km Höhe — 14,1 bis — 5,0°.

Wesentlich größer sind die Schwankungen in den Hochtälern und auf den Pässen:

	Jahresmittel	Jahresschwankung	Tagesschwankung	
			aperiodisch	periodisch
Chuquicamata, 2710 m	11,4	6,5	16,1	12,6° C
Ollagüe, 3695 m	6,5	10,5		° C
Collahuasi, 4810 m	— 0,9	9,4	12,9	11,4° C
Corrida de Cori, 5100 m	— 5,5	9,0	9,3	° C

Der starke Einfluß des Strahlungsklimas überhöht die periodische Tagesschwankung um mehr als 8° und selbst die Beträge der Jahresschwankung noch um mehr als 2°.

Im Februar 1915, einem Monat mit etwas reichlicherer Bewölkung und einzelnen Schneeschauern in Collahuasi, zeigt sich in Abb. 3c) eine deutliche Verformung der Isolinien des sommerlichen Temperaturmaximums und Trennung in zwei Kerne.

Die regulären Stunden und Beträge der extremen Temperaturen sind bei den untersuchten Hochtälern die folgenden:

Collahuasi: — 9,8° um 5 bis 6 Uhr im Juni, 10,7° um 12 bis 13 Uhr im Jänner,
Chuquicamata: 3,5° schon um 4 Uhr im Juni, 21,4° um 14 Uhr im Februar.

Nächtliche Wiedererwärmungen kleinen Ausmaßes — nach starkem Temperaturfall am Abend — sind in Chuquicamata nicht selten und gewiß einer näheren Untersuchung wert. Vorläufig kann nur ausgesagt werden, daß sich die Eintrittszeiten der nächtlichen Minima über einen breiten Bereich der Nachtstunden von 21 Uhr bis 7 Uhr verteilen. Im Jahresmittel ist es um 5 Uhr früh am kältesten.

Die Temperaturgradienten in °C/100 m betragen im Jahresmittel:

Küste bis Chuquicamata, 2710 m: 0,238
Chuquicamata bis Ollagüe, 3695 m: 0,487
Ollagüe bis Collahuasi, 4810 m: 0,664
Collahuasi bis 6 km Höhe: 0,748

Der unterste Wert ist natürlich ein Durchschnittswert aus dem Gradienten in der untersten Luftschicht, dem Gradienten im in rund 500 m beginnenden Küstenhochnebel und dem Inversionssprung sowie dem weiteren Gradienten ober der Obergrenze des Hochnebels.

Für die freie Atmosphäre kann man zwischen 5 und 10 km Höhe einen Temperaturgradienten von rund 0,678° C/100 m im Jahresmittel annehmen (abgeleitet aus den Radiosonden-Daten in [15] und [17] für Limatomba, 12° S, Antofagasta, 24° S, und Resistenzia, 27° S). In 6 km Höhe wäre die so abgeschätzte Jahresmitteltemperatur mit — 9,6° praktisch identisch mit dem Schätzwert, den wir für den Gipfelbereich der Hochanden aus den Daten der höchsten Meßstationen erhielten, nämlich — 9,8° C.

Bodentemperatur

Tabelle 9 bietet einen Einblick in die Meßdaten der Erdbodentemperatur in den Tiefen 2, 5, 10, 15, 25, 50, 75, 100 und 150 cm einschließlich der Werte eines in 2 cm über dem Boden ausgelegten Thermometers. In Collahuasi wurde bis 15 cm Tiefe dreimal täglich um 8, 14 und 20 Uhr abgelesen, ab 25 cm Tiefe nur einmal täglich um 14 Uhr. Tagesmittel wurden nicht abgeleitet. Hierzu wäre eine rechnerische Analyse der Wärmeleitungsvorgänge notwendig. Das Material aus Chuquicamata (Tabelle 10) beschränkt sich auf 14-Uhr-Ablesungen in den Tiefen 20, 25, 50, 75, 100, 125 und 150 cm.

Fassen wir zunächst nur die Jahresmittel um 14 Uhr ins Auge und vergleichen wir mit dem Jahresmittel der Lufttemperatur in Collahuasi (14 Uhr 5,5°, Viertelmittel — 0,9°), so zeigt das frei ausgelegte Thermometer eine Übertemperatur von 2,8°, das Thermometer in 2 cm Tiefe jedoch eine von 9,3°. Das Ausmaß der Übertemperaturen beträgt in 5 cm Tiefe 7,0°, in 10 cm Tiefe 4,6°, in 15 cm Tiefe noch 0,9°. In größeren Tiefen betragen die Jahresmittel der Bodentemperatur um 14 Uhr (und wohl auch ähnlich im Tagesmittel) rund 4°. Dies ist um fast 5° mehr als das Jahresmittel der Lufttemperatur von — 0,9° im Viertelmittel und — 0,4° im vierundzwanzigstündigen Mittel. Nach [18] betrug an der höchsten bearbeiteten Meßstelle in den Ostalpen in Obergurgl, 2070 m, für 1 m Tiefe die Differenz der Jahresmittel Boden- minus Lufttemperatur 2,5° C.

Tabelle 10. Monatsmittel der Erdbodentemperaturen in Chuquicamata, 2710 m, um 14 Uhr in °C im Jahre 1915

Tiefe in cm	20	25	50	75	100	125	150
Juli	11,1	9,5	9,8	11,2	12,1	12,5	13,1
August	13,9	11,9	11,1	11,9	12,4	12,5	12,8
September	14,1	12,4	12,1	12,7	12,9	12,9	13,1
Oktober	15,8	15,2	14,0	13,8	13,8	13,5	13,7
November	18,2	17,1	15,9	15,6	15,3	14,8	14,8

Tabelle 9. Monats- und Jahresmittel der Erdbodentemperaturen in °C in Collahuasi, 4810 m

Abstand von der Oberfläche

	+2 cm			−2 cm			−5 cm			−10 cm			−15 cm		−25	−50	−75	−100	−150 cm
Termine	8	14	20	8	14	20	8	14	20	8	14	20	14	20	14	14	14	14	14
1914																			
Juli	−2,5	3,9	−7,7	−8,0	5,5	−6,1	−7,6	3,6	−3,6	−5,9	0,8	−1,9	−1,4	−1,2	−2,7	−1,4	−0,6	0,0	0,9
Aug.	−1,3	5,0	−7,5	−5,4	8,8	−5,9	−5,9	7,6	−3,0	−4,9	4,2	−0,6	0,2	0,2	−1,5	−1,1	−0,6	−0,2	0,3
Sept.	0,5	4,6	−6,2	0,1	10,4	−3,1	−0,1	9,2	−0,9	−0,2	6,4	1,1	2,3	1,8	−0,2	−0,1	−0,2	−0,1	0,2
Okt.	4,4	8,4	−5,1	9,9	20,4	0,1	4,5	19,1	3,4	1,0	13,3	6,3	8,8	7,8	3,6	3,7	3,2	2,6	1,8
Nov.	8,2	11,4	−2,8	14,3	29,2	3,3	7,2	25,3	7,4	2,9	18,9	10,4	12,1	11,7	6,8	6,8	6,2	5,5	4,2
Dez.	8,1	11,8	−1,6	13,4	27,9	5,4	6,9	25,1	9,0	4,3	19,2	12,1	13,0	13,3	8,8	9,1	8,9	8,3	7,0
1915																			
Jän.	9,1	13,2	0,9	10,2	30,1	8,8	6,6	24,6	12,1	5,5	20,1	14,3	14,4	15,0	10,0	10,0	9,6	9,2	8,1
Febr.	5,5	6,6	1,3	6,3	12,5	3,0	4,0	11,2	4,5	3,0	10,3	5,7	8,7	7,0	6,3	7,2	7,8	8,1	8,1
März	7,4	9,9	−1,5	8,9	18,0	3,7	5,1	16,0	6,3	3,7	15,4	7,6	12,1	9,5	6,3	6,9	7,1	7,0	6,9
April	7,0	10,5	−2,8	6,2	15,1	0,5	2,0	13,1	4,2	1,1	12,5	5,3	9,9	7,2	4,3	5,6	6,0	6,0	6,2
Mai	3,5	6,3	−6,0	−1,2	7,3	−2,9	−2,7	5,3	−0,1	−2,5	4,5	0,9	2,7	2,1	1,8	2,6	3,3	3,9	4,6
Juni	−3,3	1,6	−9,3	−8,6	1,4	−6,9	−7,5	0,0	−4,4	−7,5	−1,2	−4,1	−2,3	−2,2	2,7	−1,3	−0,2	0,7	2,0
Juli	−6,2	3,1	−6,4	−8,0	0,3	−5,7	−6,6	−0,9	−3,9	−6,2	−1,8	−3,2	−2,6	−2,4	−3,3	−2,3	−1,3	−0,5	0,4
Aug.	−5,5	5,3	−7,0	−7,4	6,0	−6,0	−6,1	3,5	−3,0	−5,5	1,5	−1,7	−0,9	−0,7	−1,7	−1,2	−0,9	−0,5	0,1
Sept.	0,5	4,2	−4,5	−0,6	7,8	−4,6	−4,3	5,6	−1,0	−5,0	3,9	−0,6	0,4	0,4	−1,2	−0,9	−0,7	−0,4	0,1
Okt.	5,6	9,2	−3,2	4,5	17,2	−1,3	0,0	15,6	3,3	1,0	13,4	5,4	6,9	6,2	3,0	2,5	1,6	0,9	0,6
Nov.	7,2	22,1	−4,7	10,7	27,2	0,3	3,2	23,3	6,6	1,2	19,4	8,8	11,3	10,4	7,1	6,7	6,2	5,2	3,7
Dez.	9,4	13,1	−0,8	13,0	26,8	3,0	5,3	22,0	8,7	3,5	19,0	10,5	13,2	15,6	9,6	9,3	8,6	8,0	6,3
Jahr	3,4	8,8	−3,7	2,8	14,1	−0,7	−0,8	11,6	2,8	−0,8	9,8	4,1	6,2	5,7	3,7	3,8	3,9	4,0	3,9

In der nordchilenischen Wüste ist der Mehrbetrag der Bodentemperatur über die Lufttemperatur strahlungsbedingt, in der alpinen Hochregion ist neben der Einstrahlung im Sommer der Wärmeschutz durch die Schneedecke im Winter maßgebend.

Die Tautochronen der Abb. 4 zeigen schematisiert die Temperaturverteilungen in Luft und Boden zu den Terminen 8, 14, 20 Uhr in den Monaten Jänner (Sommer) und Juli (Winter) in Collahuasi. Die Darstellungen wurden auf einen Höhenbereich von je 50 cm in Luft und im Boden beschränkt. Die Pfeile am oberen Rand geben die Richtungen

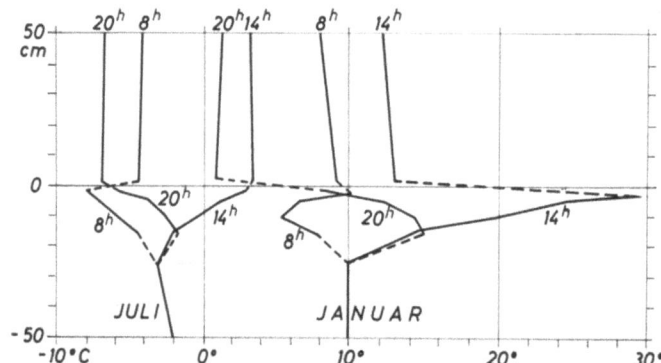

Abb. 4. Temperaturverlauf in Luft und Boden in Collahuasi, Monatsmittel in °C für Jänner (Sommer) und Juli (Winter) zu den Terminen 8, 14, 20 Uhr. Die strichlierten Verbindungen zwischen den Werten in 2 cm über und 2 cm unter der Oberfläche und den Werten um 8 und 20 Uhr in 15 und 25 cm Tiefe sind nur der Übersichtlichkeit halber eingezeichnet.

des Temperaturgradienten in der Luft an, entsprechend der nachstehenden Differenzen der Lufttemperatur in 2 m Höhe und der Temperatur des Thermometers in 2 cm über dem Boden:

Juli			Jänner			
8	14	20	8	14	20	Uhr
1,2	−0,9	1,2	−4,5	−3,1	1,4	°C

Nach starker abendlicher Ausstrahlungsabkühlung herrscht um 20 Uhr immer Inversion, um 14 Uhr stets Überhitzung der bodennahen Schicht. Der Termin 8 Uhr zeigt in der kühlen Jahreszeit noch Inversion, im Sommer hingegen starke Überhitzung. Die wahren Oberflächentemperaturen sind natürlich nicht genau angebbar, weshalb die Kurvenzüge zwischen 2 cm in Luft und 2 cm im Boden nur der Übersichtlichkeit halber einfach linear verbunden wurden. Ebenso findet man die Werte in 15 cm Tiefe zu den Terminen 8 und 20 Uhr mit dem Wert von 14 Uhr in 25 cm Tiefe strichliert verbunden, obwohl der Kurvenverlauf bis 50 cm Tiefe wahrscheinlich unterschiedlich sein wird. Eine mathematische Analyse könnte dies präzisieren.

Abgesehen von den Unterschieden in den Absolutwerten und in den Tagesamplituden sind die Temperaturverteilungen im obersten Viertelmeter im Sommer und Winter recht ähnlich: Um 8 Uhr ist die Nachtkälte an Minimumwerten im Boden, im Sommer in 10 cm Tiefe, im Winter in 2 cm Tiefe, noch erkennbar. Zum 20-Uhr-Termin verblieb von der Tageserwärmung noch ein Temperaturmaximum in 15 cm Tiefe.

Die aus den Monatsmitteln berechnete Jahresschwankung der Lufttemperatur betrug in Collahuasi etwa 9,4° C. Für das Thermometer in 2 cm Höhe kann man rund

10,3° abschätzen, für die Bodentemperaturen die folgenden Werte: In 2 cm Tiefe 20,1°, in 5 cm 17,6°, in 10 cm 16,3°, in 15 cm 15,1°, in 25 cm 13,0°, in 50 cm 11,8°, in 75 cm 10,6°, in 100 cm 9,4°, in 125 cm 8,4° und in 150 cm 7,5°. Grob extrapolierend kann man sagen, daß in einer Tiefe von rund 10 m oder etwas mehr kein Jahresgang mehr vorhanden ist.

Zum Abschluß dieses Kapitels seien noch die absoluten Extreme der in Collahuasi beobachteten Bodentemperaturwerte bekanntgegeben: Höchstwert 42,6° C in 2 cm Tiefe am 30. Dezember 1915 um 14 Uhr bei wolkenlosem, windstillem Wetter und einer Lufttemperatur von 9,0° und Luftfeuchtigkeit 25%. Tiefstwert — 15,4° C in 2 cm Tiefe am 30. Juli 1915 um 8 Uhr, gleichfalls bei wolkenlosem, windstillem Wetter, wobei die Lufttemperatur — 5,2 und die Feuchte nur 10% betrug. Die Gesamtschwankung der Bodentemperatur in 2 cm Tiefe erreichte also 58,0°, während die der absoluten Extreme der Lufttemperatur in Collahuasi zu 31,5° gefunden worden waren.

Luftfeuchtigkeit und Bewölkung

In den Tabellen 11 und 12 wurden die Termin- und Mittelwerte der Luftfeuchtigkeit in Prozenten, des Dampfdrucks in mm Hg (Torr) und der Bewölkung in Zehnteln der Himmelsfläche aufgenommen sowie die Zahlen der Tage mit Nebel, der heiteren Tage (Bewölkungsmittel unter 2) und der trüben Tage (Bewölkungsmittel über 8). Es folgen dann die Tabellen 13 und 14 mit den Tagesgängen der relativen Feuchtigkeit in Collahuasi bzw. in Chuquicamata.

Vorweggenommen sei die Notiz, daß die Drittelmittel aus 7, 14, 21 Uhr an beiden Orten den wahren vierundzwanzigstündigen Mitteln fast immer ziemlich genau entsprechen.

Als Jahresmittel der relativen Feuchtigkeit erhält man für Collahuasi 40%, für Chuquicamata 28%. Vergleichsweise sei mitgeteilt, daß das langjährige Mittel in Corrida de Cori, 5100 m, so wie in Collahuasi 40% betrug. Die Küstenorte zeigen höhere Mittel, Arica 77%, Iquique 79%, Antofagasta 75%, aber auch nicht mehr. Es ist daher unverständlich, warum in Klimabeschreibungen immer von „Küstennebeln" gesprochen wird. Nebel an der Küste ist vielmehr äußerst selten: Die langjährigen Durchschnittszahlen der Tage mit Nebel pro Jahr sind in Arica 0,4, in Iquique 0,1 und in Antofagasta 1,8. Es handelt sich also um Hochnebelfelder in Küstennähe, nicht um eigentliche Küstennebel. Die Kondensationsniveaus nach der Henning-Formel errechnet man zu 512 m in Arica, 451 m in Iquique und 549 m in Antofagasta. Die Jahresmittel der Bewölkung betragen an den genannten Küstenorten 4,6 bzw. 3,7 bzw. 3,4 Okta, also 5,8 bzw. 4,6 bzw. 4,2 Zehntel der Himmelsfläche.

Die Küste liegt also bei weitem nicht immer unter den Hochnebeln. Sie erhält vielmehr gegen 60% der möglichen Besonnung, sei es bei klarem Wetter, sei es bei durch hohe Wolken verschleierter Sonne.

Chuquicamata ist auch fast nebelfrei (etwa 3 Tage mit Nebel im Jahr). Etwas größer, nämlich 21, ist die Zahl der Tage mit Nebel im hohen Collahuasi. 9 davon entfielen auf den relativ wolken- und niederschlagsreichsten Monat Februar 1915, die restlichen traten sporadisch gestreut auf. Nur der Herbst blieb in diesem Hochtal nebelfrei.

Die Zahl heiterer Tage ist natürlich außerordentlich groß: Collahuasi 209 Tage im Jahr, Chuquicamata sogar 292. In Chuquicamata gab es nur 3 trübe (Winter-)Tage, in Collahuasi insgesamt 12, dort in verschiedenen Jahreszeiten, gleichfalls im Winter eher als im Sommer. Im vorhin als wolkenreich erwähnten Februar 1915 waren nur 3 trübe Tage zu notieren, freilich auch nur 2 heitere. 23 Tage waren wechselnd wolkig mit etwa 6 Stunden Sonnenschein.

Im Tagesgang der Bewölkung fällt die Klarheit der Abendstunden auf: Um 21 Uhr beträgt das Jahresmittel der Bewölkung in Collahuasi 1,6, in Chuquicamata sogar nur 0,7 Zehntel der Himmelsfläche. Im Jahresverlauf sind Herbst und Frühling die relativ zu Sommer und Winter noch wolkenärmeren Jahreszeiten. In den Übergangszeiten haben das tropische Sommerregen-Regime und das mittel- und südchilenische Winterregen-Regime schon gar keinen Einfluß auf die nordchilenischen Gebirge.

Hier sei noch ein statistisches Ergebnis aus den eingehenden Beobachtungen der Wolkenformen eingefügt, die Gesamthäufigkeit der Wolkenformen in Promille aller Termine mit Wolkennotierungen:

Formen	Ci	Cs	Cc	As	Ac	St	Fs	Sc	Cu	Fc	Ni
Collahuasi	285	48	14	14	1	322	14	48	139	34	81
Chuquicamata	431	161	32	35	63	20	0	60	106	46	46

Der Anteil der hohen Wolken beträgt in Collahuasi rund 35%, in Chuquicamata sogar 62%. An der unteren Station wurden 10% als Altus-Wolken gewertet, an der oberen, in fast 5 km Höhe, nur mehr 1,5%. Bei Bewölkung in geringen Höhen über dem Stationsniveau überwog in Collahuasi die Einstufung als Stratus, gefolgt von Cumulus und Nimbus. In Chuquicamata wurde bei tiefen Wolken vorwiegend Cumulus und Stratocumulus beobachtet, seltener Fracto-Cumulus oder Nimbus.

Tabelle 11. Relative Feuchtigkeit (%), Dampfdruck (Torr), Bewölkung (Zehntel der Himmelsfläche, Tage mit Nebel, heitere (h) und trübe (tr) Tage in Collahuasi

	Rel. Feuchte (%)				Dampfdruck (Torr)				Bewölkung (1/10)				Tage		
	7ʰ	14ʰ	21ʰ	M	7ʰ	14ʰ	21ʰ	M	7ʰ	14ʰ	21ʰ	M	Nebel	h	tr
1914															
Juli	38	21	35	31	1,1	1,1	1,1	1,1	1,0	1,8	0,6	1,1	0	24	0
Aug.	41	24	40	35	1,2	1,4	1,0	1,2	1,0	1,0	0,1	0,8	0	27	0
Sept.	53	34	49	45	1,5	1,6	1,4	1,5	3,1	3,8	2,1	3,0	5	14	2
Okt.	36	24	45	35	1,4	1,6	1,3	1,5	1,5	2,2	1,0	1,5	1	22	0
Nov.	25	24	41	30	1,2	1,9	1,5	1,6	1,9	2,5	1,0	1,6	0	20	0
Dez.	40	33	60	45	2,0	2,6	2,5	2,3	2,2	3,8	1,7	2,6	8	13	0
1915															
Jän.	44	33	53	43	2,1	2,9	2,6	2,5	3,7	4,9	2,6	3,7	2	7	0
Febr.	72	67	81	73	3,5	4,4	3,8	3,9	3,7	7,5	5,8	5,7	9	2	3
März	46	44	59	50	2,2	3,3	2,5	2,7	2,5	3,7	2,0	2,7	0	13	0
April	26	24	43	31	1,1	1,9	1,6	1,5	2,0	1,9	0,3	1,4	0	21	0
Mai	36	24	47	36	1,1	1,5	1,4	1,3	0,9	1,4	0,4	0,9	0	28	0
Juni	39	23	39	34	0,8	1,3	0,9	1,0	2,6	3,1	1,5	2,4	0	19	3
Juli	33	27	37	32	0,9	1,3	1,0	1,1	2,9	2,7	2,0	2,5	1	19	3
Aug.	41	27	45	38	1,3	1,5	1,3	1,4	1,5	3,0	1,0	1,8	2	20	0
Sept.	42	29	41	37	1,3	1,5	1,2	1,3	0,8	1,1	1,2	1,0	0	28	1
Okt.	32	22	39	31	1,3	1,4	1,3	1,3	2,4	3,8	0,4	2,2	0	14	1
Nov.	21	20	36	26	0,9	1,4	1,3	1,2	1,7	1,6	0,8	1,4	1	22	1
Dez.	37	43	60	47	2,1	3,1	2,7	2,6	2,0	3,3	1,8	2,4	0	13	0
Jahr	39	32	48	40	1,6	2,1	1,8	1,8	2,2	3,2	1,6	2,3	15	206	12

Tabelle 12. Relative Feuchtigkeit (%), Dampfdruck (Torr), Bewölkung (Zehntel der Himmelsfläche), Tage mit Nebel, heitere (h) und trübe (tr) Tage in Chuquicamata

	Rel. Feuchte (%)				Dampfdruck (Torr)				Bewölkung (1/10)				Tage		
	7^h	14^h	21^h	M	7^h	14^h	21^h	M	7^h	14^h	21^h	M	Nebel	h	tr
1914															
Juli	19	12	20	17	1,3	1,5	1,6	1,5	1,0	1,4	0,5	1,0	0	24	0
Aug.	23	16	21	20	1,7	2,4	1,6	1,9	0,8	0,4	0,1	0,3	2	29	0
Sept.	27	22	30	27	2,2	2,5	2,5	2,4	1,7	1,7	0,3	1,2	0	28	0
Okt.	27	19	28	25	2,3	2,5	2,3	2,4	0,1	0,4	0,4	0,3	0	30	0
Nov.	33	19	26	26	2,7	2,8	2,2	2,6	0,0	0,1	0,1	0,1	0	30	0
Dez.	31	16	26	24	2,8	2,8	2,8	2,8	0,2	0,1	0,0	0,1	0	31	0
1915															
Jän.	35	17	31	28	2,8	2,9	3,5	3,1	2,5	2,5	0,5	1,8	0	22	0
Febr.	70	34	56	53	5,8	6,4	6,4	6,3	2,2	1,6	2,6	2,1	1	15	0
März	40	22	34	32	3,4	4,1	3,5	3,7	1,3	1,0	1,0	1,1	0	24	0
April	32	14	25	24	2,5	2,6	2,2	2,4	1,4	0,4	0,1	0,6	0	25	0
Mai	27	20	26	24	2,0	2,3	1,8	2,0	0,6	0,5	0,0	0,4	0	29	0
Juni	28	17	27	24	1,8	2,2	1,9	2,0	1,4	1,2	0,9	1,2	0	26	2
Juli	32	15	29	25	1,8	1,8	2,1	1,9	1,6	2,3	1,3	1,7	1	18	1
Aug.	29	19	28	25	1,9	2,7	2,1	2,2	2,5	2,0	0,3	1,6	0	23	0
Sept.	35	23	32	30	2,4	3,3	2,6	2,8	1,0	1,1	0,0	0,7	0	26	0
Okt.	37	24	32	30	2,8	3,8	2,8	3,1	2,5	1,1	0,9	1,5	0	24	0
Nov.	34	21	29	28	2,7	3,5	2,6	2,9	1,2	1,0	0,5	0,9	0	22	0
Dez.	47	27	42	39	4,0	4,6	4,1	4,2	1,9	2,4	2,0	2,1	0	18	0
Jahr	37	21	33	30	2,8	3,4	3,0	3,1	1,7	1,4	0,8	1,3	2	272	3

Tabelle 13. Mittlere Tagesgänge der relativen Feuchtigkeit in % in Collahuasi (Mittel aus Juli 1914 bis Dezember 1915)

	Stunden												
	2	4	6	8	10	12	14	16	18	20	22	24	Mittel
Jän.	47	50	50	37	27	23	33	39	41	55	53	46	42
Febr.	76	76	75	67	61	58	67	76	79	83	80	80	72
März	54	50	50	40	32	36	44	50	63	62	56	54	49
April	33	30	28	21	16	17	24	33	46	45	39	35	31
Mai	45	44	41	31	25	22	24	29	40	45	46	46	36
Juni	37	38	40	35	27	23	23	28	37	38	39	39	34
Juli	36	36	36	34	28	25	24	28	32	36	36	36	32
Aug.	43	44	44	38	29	24	25	28	37	42	42	44	36
Sept.	49	48	49	44	34	31	31	34	42	44	46	46	41
Okt.	39	38	37	28	22	20	24	28	35	40	42	41	33
Nov	28	28	26	20	14	14	21	26	34	40	36	30	26
Dez.	51	51	47	32	27	31	38	47	54	62	58	53	46
Jahr	45	44	44	36	28	27	32	37	45	49	48	46	40

Tabelle 14. Mittlere Tagesgänge der relativen Feuchtigkeit in % in Chuquicamata (Mittel aus Juli 1914 bis Dezember 1915)

	Stunden												
	2	4	6	8	10	12	14	16	18	20	22	24	Mittel
Jän.	36	36	36	32	26	20	17	17	22	29	32	34	28
Febr.	65	69	70	60	44	36	34	35	40	53	58	63	52
März	43	42	42	35	25	21	22	23	26	33	36	41	32
April	32	34	33	29	19	17	14	16	19	23	26	29	24
Mai	26	26	26	26	22	20	20	21	23	25	26	26	24
Juni	23	23	23	23	19	16	15	16	19	23	24	24	20
Juli	26	26	26	24	19	16	14	14	18	22	26	27	22
Aug.	26	26	26	25	22	20	18	18	20	23	24	26	22
Sept.	31	31	31	30	26	24	22	23	26	30	31	32	28
Okt.	35	36	34	30	26	20	21	22	25	29	32	33	27
Nov.	34	36	36	31	26	22	20	20	22	26	30	32	28
Dez.	40	40	41	36	30	24	21	21	26	32	35	38	32
Jahr	35	35	35	32	25	21	20	20	24	29	32	34	28

Niederschlag

Die Tabellen 15 und 16 geben, wie bei den bisher besprochenen Elementen, einen ersten Überblick über die monatlichen und jährlichen Niederschlagsdaten an den beiden Stationen. Für Collahuasi errechnet man eine durchschnittliche jährliche Niederschlagsmenge von 152 mm Wasserwert, für Chuquicamata nur 19 mm. Arica und Iquique blieben im Jahre 1915 völlig niederschlagsfrei, aber auch im langjährigen Durchschnitt fallen nur wenige Millimeter (Arica 0,7, Iquique 2,1, Antofagasta 7,7 mm, dort überwiegend schon als Winterniederschlag). In Ollagüe, 3695 m, war der Niederschlag des Jahres 1915 mit 150 mm nur wenig geringer als der in Collahuasi mit 167 mm. An beiden Hochstationen gab es sowohl Sommer- als auch Winterniederschläge. Auf dem Paß von Ollagüe gab es am 28. Juni 1915 eine überraschende, aber vergängliche Neuschneedecke von 70 cm, am 3. Juli 1915 15 cm. Die größten Schneehöhen in Collahuasi waren je 25 cm, gefallen am 2. Juli und am 5. September 1915. Die sommerlichen Schneeschauer führten zu keiner beharrenden Schneelage.

In Collahuasi fallen 96% des Niederschlags in fester Form als Schnee oder Graupeln, in Ollagüe waren es 58%, in Chuquicamata nur mehr 17%. Immerhin brachte der Schneefall vom 3. Juli 1915 noch in 2710 m Höhe 8 cm Neuschnee.

Gewitter wurden in Collahuasi durchschnittlich 26 pro Jahr notiert, in Chuquicamata gar keines. Tau gab es an beiden Orten fast nie, hingegen in Collahuasi 51 Tage mit Reif und 3 Tage mit Rauhreif pro Jahr.

Nach der schematischen Niederschlagskarte von W. Knoche [19] für Chile würde man für Collahuasi und Chuquicamata einen Jahresnormalwert von rund 250 mm abschätzen, für die Höhe von 2710 m also jedenfalls viel zuviel. Die unteren Gebirgslagen nehmen offenbar an den Schneeschauern der höchsten Gipfel und Kämme nur äußerst selten Teil. Die Zunahme der Niederschläge mit der Höhe ist in diesem Gebiet der Erde so beschaffen, daß sie erst über 3000 m Höhe beachtlich wird, ohne jedoch auch in den Hochregionen mehr als etwa 300 mm pro Jahr zu erreichen.

Ob für Collahuasi ein Normalwert von 250 mm richtiger ist als die 1914/15 gemessenen 150 bis 170 mm, läßt sich wohl kaum sicher beantworten. Im (weit entfernten) Santiago de Chile war nach [20] das Jahr 1914 mit 700 mm niederschlagsreich, das Jahr 1915 mit 235 mm niederschlagsarm (Normalwerte um 350 mm).

Tabelle 15. Ergebnisse der Niederschlags- und Schneebeobachtungen in Collahuasi

	Niederschlag			Tage mit ...				Fester Niederschlag		Schneedecke	
	mm	Max.	Tag	N.	*	Δ	●*	mm	%	Tage	Max. Höhe, cm
1914											
Juli	0	0	—	0	0	0	0	0	—	0	0
Aug.	0	0	—	0	0	0	0	0	—	0	0
Sept.	7,6	2,5	7.	6	6	1	0	7,6	100	2	2
Okt.	0,3	0,3	9.	1	1	0	0	0,3	100	(1)	(0)
Nov.	0,0	0,0	29.	(0)	(0)	0	0	0,0	100	0	0
Dez.	9,6	5,0	28.	4	3	(7)	1	6,6	67	0	0
1915											
Jän.	10,7	5,9	10.	5	5	(8)	0	10,7	100	0	0
Febr.	94,8	18,0	10.	13	12	12	1	89,5	94	0	0
März	5,3	2,7	14.	2	2	(4)	0	5,3	100	0	0
April	0,0	0,0	12.	(0)	(0)	0	0	0,0	100	0	0
Mai	0,0	0,0	4.	(0)	(0)	0	0	0,0	100	0	0
Juni	9,1	5,4	28.	2	2	(3)	0	9,1	100	4	16
Juli	19,3	19,0	2.	2	2	0	0	19,3	100	6	25
Aug.	0	0	—	0	0	0	0	0	—	0	0
Sept.	25,0	25,0	5.	1	1	0	0	25,0	100	1	25
Okt.	2,6	2,6	4.	1	1	0	0	2,6	100	0	0
Nov.	0	0	—	0	0	0	0	0	—	0	0
Dez.	0,0	0,0	viermal	(4)	(3)	0	(1)	0,0	75	0	0
Jahr	166,8	25,0	5. 9.	26	25	31	1	161,5	96,8	11	25

●* Regen und Schnee

Tabelle 16. Ergebnisse der Niederschlags- und Schneebeobachtungen in Chuquicamata (völlig niederschlagsfreie Monate wurden weggelassen)

	Niederschlag			Tage mit ...				Fester Niederschlag		Schneedecke	
	mm	Max.	Tag	N.	●	*	Δ	mm	%	Tage	Max. Höhe, cm
1914											
Sept.	9,0	7,0	7.	2	2	0	0	0	0	0	0
Okt.	0,0	0,0	9.	(1)	(1)	0	0	0	0	0	0
1915											
Febr.	0,0	0,0	21., 27.	(2)	(2)	0	0	0	0	0	0
März	11,2	11,2	13.	1	1	0	0	0	0	0	0
Juni	0,0	0,0	27., 28.	(2)	(2)	0	0	0	0	0	0
Juli	7,4	7,3	3.	2	(1)	(1)	1	7,3	98,6	1	8
Jahr	18,6	11,2	13. 3.	3	(2)	(1)	1	7,3	39,2	1	8

Wind

Wieder wird in den Tabellen 17 und 18 aus den Monatstabellen ein Überblick über die Termin- und Tagesmittel der Windgeschwindigkeit in m/s, über die Zahl der Tage mit starkem Wind (Beaufortgrad mindestens 6, etwa 10 m/s) und mit Sturm (Beaufortgrad mindestens 8, etwa 15 m/s) gegeben sowie über die mittlere monatliche und jährliche Häufigkeit der einzelnen Windrichtungen und der Windstillen. (Die Auswertung der Registrierergebnisse liegt noch nicht vor.)

Die mittlere Windgeschwindigkeit ist in den Hochtälern nicht groß, da der Wind nachts stark abflaut. Die Jahresmittel von Collahuasi mit 2,4 m/s und von Chuquicamata mit 2,7 m/s sind kleiner als jene an den Küstenorten (Normalzahlen von Arica 4,5 aus SW, Iquique 2,0 aus S und Antofagasta 3,3 aus WSW). Die vorherrschende Richtung ist in Collahuasi W, in Chuquicamata etwa NNW. Auf den Pässen ist die mittlere Windgeschwindigkeit größer, in Ollagüe 4,1 m/s, in Corrida de Cori 13,6 m/s aus W.

Windwerte für die freie Atmosphäre ließen sich aus den weltweiten Karten und Diagrammen für das Untersuchungsgebiet nicht sicher entnehmen. Es wurden daher aus den Tabellen der Höhen bestimmter Druckflächen in [21] die nachstehenden Werte der Süd-Nord- bzw. West-Ost-Komponenten des geostrophischen Windes für 21° S, 70° W berechnet (Tabelle 19).

Tabelle 19. Komponenten des geostrophischen Windes in m/s für 21° S, 70° W für verschiedene Druckflächen (zugehörige Durchschnittshöhe H in gpm)

mb	H	Jänner		April		Juli		Oktober	
		S/N	W/E	S/N	W/E	S/N	W/E	S/N	W/E
700	3135	0,8	− 0,1	0,5	1,8	0,1	5,7	0,1	3,0
500	5803	0,2	3,6	0,1	6,5	0,2	12,7	− 0,7	11,0
300	9546	− 0,8	9,9	0,6	16,1	0,4	23,0	− 2,1	23,0

Die West-Ost-Komponenten überwiegen bei weitem. Im Sommer bleiben aber auch sie bis zur Kammhöhe der Anden nur sehr klein. Im Winter beträgt die Geschwindigkeit des Westwindes in der freien Atmosphäre in 3 km Höhe rund 6 m/s, in 6 km Höhe 13 m/s, durchaus vergleichbar mit den Windgeschwindigkeiten auf den vorhin genannten Pässen.

* * *

Soweit ein erster Überblick über das große Beobachtungsmaterial W. Knoches aus den Gebirgen Nord-Chiles. Es ermöglichte neue Einblicke in das extreme Klima einer der interessantesten Regionen der Erde und wird weitere Einblicke gestatten, wenn man das Originalmaterial weiter bearbeitet.

Tabelle 17. Windverhältnisse in Collahuasi

	Windgeschwindigkeit m/s				Tage mit mind. ... m/s		Häufigkeit der Windrichtungen								
	7ʰ	14ʰ	21ʰ	M	10	15	N	NE	E	SE	S	SW	W	NW	C
1914															
Juli	1,2	5,3	1,2	2,6	0	0	10	7	0	3	1	9	35	20	8
Aug.	1,8	4,5	1,8	2,7	1	0	7	5	5	8	9	12	25	17	5
Sept.	1,6	5,3	2,4	3,1	5	0	5	0	0	1	1	8	39	28	8
Okt.	1,4	6,1	1,6	3,0	2	0	4	0	0	3	3	17	40	16	10
Nov.	2,3	5,9	1,6	3,3	0	0	0	1	4	4	11	22	32	11	5
Dez.	1,8	4,7	2,0	2,8	0	0	0	1	0	9	9	25	29	9	11
1915															
Jän.	2,7	3,2	2,8	2,9	0	0	1	6	8	19	11	26	18	0	4
Febr.	2,7	2,4	2,1	2,4	0	0	2	24	21	11	2	4	1	0	19
März	1,4	3,7	1,6	2,2	2	0	0	3	5	19	15	8	25	0	18
April	1,1	2,8	1,8	1,9	0	0	0	0	0	0	0	43	32	3	12
Mai	1,4	3,7	1,5	2,2	2	0	0	0	0	7	3	25	35	0	23
Juni	3,0	5,7	1,6	3,4	5	0	6	3	3	1	1	9	47	12	8
Juli	1,2	3,0	1,3	1,8	3	1	15	6	7	7	3	1	33	11	10
Aug.	0,8	2,3	0,8	1,3	1	0	0	3	0	0	0	0	56	4	30
Sept.	1,2	5,5	2,0	2,9	2	0	4	0	3	0	0	0	58	4	21
Okt.	0,8	2,4	0,9	1,4	0	0	8	2	0	10	0	7	32	9	25
Nov.	0,9	1,4	0,7	1,0	0	0	1	1	1	5	7	22	12	2	39
Dez.	1,3	1,8	1,4	1,5	0	0	0	5	12	9	9	18	10	0	30
Jahr	1,5	3,2	1,5	2,1	15	1	37	53	60	88	51	163	359	45	239

Tabelle 18. Windverhältnisse in Chuquicamata

	Windgeschwindigkeit m/sec				Tage mit mind. ... m/sec		Häufigkeit der Windrichtungen								
	7ʰ	14ʰ	21ʰ	M	10	15	N	NE	E	SE	S	SW	W	NW	C
1914															
Juli	2,7	5,5	0,7	3,0	4	1	23	0	0	0	1	0	40	11	25
Aug.	4,3	5,5	2,0	3,9	3	1	9	2	2	6	4	0	61	2	7
Sept.	4,7	6,6	5,7	5,7	9	3	10	7	0	2	0	1	8	60	2
Okt.	2,0	6,4	4,5	4,3	6	0	10	18	0	0	0	4	0	59	2
Nov.	1,3	3,9	1,8	2,3	0	0	1	20	0	0	0	2	0	65	2
Dez.	1,3	3,3	2,0	2,2	0	0	24	9	0	0	0	3	3	50	4
1915															
Jän.	1,1	3,0	0,8	1,6	0	0	26	22	0	0	0	0	0	4	41
Febr.	1,6	4,3	0,5	2,1	2	0	23	3	1	0	0	1	21	9	26
März	1,4	3,2	1,5	2,0	0	0	18	16	0	4	0	14	12	22	7
Apr.	1,2	2,3	1,0	1,5	0	0	47	4	1	0	0	2	4	23	9
Mai	1,3	3,0	1,1	1,8	0	0	26	2	0	3	0	6	40	16	
Juni	3,2	5,7	3,2	4,0	6	5	32	15	0	0	0	2	4	34	3
Juli	3,5	4,1	3,5	3,7	2	0	43	11	0	0	8	6	8	16	1
Aug.	3,5	5,3	2,8	3,9	4	0	33	11	0	0	0	2	15	31	1
Sept.	3,9	7,2	3,3	4,8	8	1	20	3	1	0	0	1	38	20	7
Okt.	1,1	4,5	1,2	2,3	0	0	7	1	0	0	2	1	31	9	42
Nov.	1,1	3,0	1,4	1,8	3	0	19	10	0	0	4	6	24	9	18
Dez.	1,4	2,7	1,6	1,9	0	0	26	20	0	0	2	4	6	17	18
Jahr	2,0	4,0	1,8	2,6	25	6	320	118	3	4	19	39	169	234	189

Literatur

[1] Lauscher, F.: Nachruf auf Walter Knoche. Wetter und Leben 1, 272 (1948).
[2] Prohaska, F.: Über die meteorologischen Stationen der Hohen Kordillere Argentiniens. 51.—53. Jahresbericht d. Sonnblick-Ver. f. d. Jahre 1953—1955, 45—55, Wien 1957.
[3] Peruvian Meteorology 1888—1890, Annals of the Astronomical Observatory of Harvard College, Vol. XXXIX. — Part I (compiled by Solon I. Bailey), Cambridge, Mass., 1889, 153 Seiten u. 6 Tafeln, Vol. XXXIX. — Part II (1892—1895), Cambridge 1906, Vol. XLIX. — Part I (Arequipa 1892—1895). — Part II (Auxiliary Stations 1892—1895), Cambridge 1908. — Part III (Auxiliary Stations 1896—1900), Cambridge 1923.
[4] Schmithüsen, J.: Bergbau und Industrie in der nordchilenischen Wüste. Chemiker-Zeitung 77, Heft 24, 3—8 (1953).
[5] Landsberg, H. E., H. Lippmann, K. H. Pfaffen, and C. Troll: World Maps of Climatology. Sec. Ed., 28 Seiten u. 5 Weltkarten 1:45 Mill., Berlin-Heidelberg-New York 1965.
[6] Huber, A.: Beitrag zur Klimatologie und Klimaökologie von Chile. 87 Seiten u. Kartenanhang. Diss. Univ. München 1975.
[7] Buffo, J., et al.: Direct solar radiation on various slopes from 0 to 60 degrees north latitude. USDA Forest Service Research Paper PNW-142. Portland Oregon 1972.
[8] Kimball, H. H.: Measurements of solar radiation intensity and determinations of its depletion by the atmosphere with bibliography of Pyrheliometric measurements. Mo. Weather Rev. 55, 155—169 (1927).
[9] Lauscher, F.: Beziehungen zwischen der Sonnenscheindauer und Sonnenstrahlungssummen für alle Zonen der Erde. Meteorol. Z. 51, 437—449 (1934).
[10] Anuario Meteorologico de Chile. Inst. Centr. Met. y Geof. de Chile, Santiago de Chile 1916.
[11] Miller, A.: The Climate of Chile. World Survey of Climatology. Vol. 12, 113—145 (1976).
[12] Hann, J.: Zur Meteorologie von Peru. Sitz.-Ber. math.-nat. Kl. d. k. Akad. d. Wiss. Wien CXVIII. Bd., 1283—1372 (1909).
[13] Troll, C.: Die Frostwechselhäufigkeit in den Luft- und Bodenklimaten der Erde. Meteorol. Z. 51, 161—171 (1943).
[14] Lauscher, F.: Lufttemperatur. In: F. Steinhauser, O. Eckel und F. Lauscher: Klimatographie von Österreich. Österr. Akad. Wiss., Denkschr. Bd. 3, 2. Lief., 137—206, Wien 1960.
[15] Flohn, H.: Aerologische Klimatologie. In: W. Hesse: Handbuch der Aerologie, S. 783—860, Leipzig 1961.
[16] Crutcher, H. L.: Temperature and Humidity in the Troposphere. In: World Survey of Climatology, Vol. 4, p. 45—83 (1969).
[17] Short-period averages for 1951—1960 and provisional average values for climat temp and climat temp ship stations. WMO Nr. 170. TP. 84, Geneva 1965.
[18] Eckel, O.: Bodentemperatur. In: F. Steinhauser, O. Eckel und F. Lauscher: Klimatographie von Österreich, Österr. Akad. Wiss., Denkschr. Bd. 3, 2. Lief., 207—292, Wien 1960.
[19] Knoche, W.: Chile. In: F. Klute: Handbuch der Geogr. Wiss., Bd. Süd-Amerika, Potsdam 1930.
[20] Heilmaier, E. P.: Periodizitäten in den jährlichen Niederschlagshöhen Mittel-Chiles und deren Beziehungen zur Magnetischen Sonnenaktivität. Wetter und Leben 28, 245—251 (1976).
[21] Heastie, H., and P. M. Stephenson: Upper Winds over the World. Geophys. Memoirs Nr. 103, London 1960.

Der Tagesgang des vertikalen Temperaturgradienten im Tennengebirge

Von H. Tollner, Salzburg

Die Temperaturuntersuchungen wurden im Tennengebirge an drei unterschiedlich hohen Stellen vorgenommen, und zwar in der Wengerau, 980 m, im nördlichen Teil des Wenger Winkels (Station Forcher), auf der Sameralm, 1510 m (Station Sameralm), und in 1700 m Höhe (Station Jochriedl). Bei der Station Wengerau handelt es sich um einen nur schwach geneigten, gegen Südsüdwest geöffneten Talschluß und bei der Sameralm um eine verhältnismäßig steile Hanglage mit Südexposition. Die Station Jochriedl befindet sich auf einem von Nordwest nach Südost verlaufenden, vom Tennengebirge herabreichenden Höhenrücken mit einem sehr steilen Abfall gegen das Ursprungsgebiet der Lammer und einem weniger steilen Hang gegen die breite Südflanke des Tennengebirges.

Die Auswertung der Temperaturregistrierungen erfolgte zweistündig, und aus dieser wurde der Tagesgang des vertikalen Temperaturgradienten bzw. der Temperaturunterschiede berechnet. Zwischen der Wengerau-Forcher, 980 m, und der Sameralm, 1510 m, ließen sich die Temperaturwerte im Jahr 1974 einwandfrei feststellen. Zwischen der Sameralm und dem Jochriedl, 1700 m, war dies nur zwischen April und Ende Dezember möglich. Zeitweilig in den Hüttenkasten eingedrungener Schnee auf dem stark windexponierten Jochriedl in den Monaten Jänner bis März beeinträchtigte die Registrierung und gestattete damit keine völlig einwandfreie Zweistundenauswertung. Sie wurde von G. Stockinger vorgenommen.

Zwischen der Sameralm und dem um 190 m höher gelegenen Jochriedl wurde ein Temperaturvergleich zwischen zwei orographisch und letztlich klimatisch wesentlich ungleichen Meßorten vorgenommen. Auf dem Jochriedl herrschte die Luftströmung des allgemeinen Luftdruckgefälles vor (Höhenwind mitunter etwas in der Richtung durch den Steilabfall des Tennengebirges abgelenkt). Es erreichten ihn aber auch schräg aufwärts ziehende Warmluftblasen der thermischen Vertikalzirkulation.

Auf der unbewaldeten südschauenden großen Steilfläche bei der Sameralm bildeten sich in der wärmeren Jahreszeit vor allem bei einer instabilen thermischen Schichtung der Luft der freien Atmosphäre thermische Aufwinde, auf- und aber auch absteigende Luftquanten häufig sogar in einem bestimmten Rhythmus, aus. Infolge der tagsüber zunehmenden Einstrahlung traten die thermischen Aufwinde (Warmluftschläuche) bis über Mittag hinaus zunehmend intensiver auf. Im Raume Sameralm kam es dann in kurzzeitlicher Hinsicht zu stärkeren Schwankungen der Temperatur. Zur Sameralm gelangten außer hangparallelen Luftströmungen und lebhaften hangaufwärts ziehenden Winden der Allgemeinzirkulation auch Luftmassen, die vom Tennengebirgsplateau föhnartig herabzogen. Am 27. Oktober 1975 um 13 Uhr traten z. B. in 1900 m Seehöhe bei antizyklonalem Föhn (freier Föhn mit einem langsamen Absinken der Luft aus großen Höhen) bei einer relativen Luftfeuchtigkeit von 20 Prozent auf relativ kleinem Raum schwankende Temperaturunterschiede um 4 bis 6° auf.

Da die horizontale Entfernung zwischen der Sameralm und dem Jochriedl bei einem Höhenunterschied von 190 m beinahe einen Kilometer beträgt, kann von einem vertikalen Temperaturgradienten in strengem Sinne nicht gesprochen werden. Die Temperaturunterschiede waren nicht nur die Folge des Höhenunterschiedes, sondern auch die Auswirkung verschiedener Geländeverhältnisse.

Tabelle 1. **Tagesgang der Temperaturunterschiede zwischen Sameralm (1510 m) und Jochriedl (1700 m) im Jahre 1974**

Uhrzeit	2	4	6	8	10	12	14	16	18	20	22	24	Mittel
1974													
April	0,5	0,5	0,6	0,8	0,8	0,7	0,6	0,6	0,6	0,5	0,6	0,6	0,62
Mai	0,4	0,3	0,4	0,5	0,7	0,8	0,7	0,9	0,7	0,5	0,4	0,3	0,55
Juni	0,4	0,4	0,4	0,4	0,3	0,3	0,4	0,5	0,6	0,5	0,5	0,4	0,42
Juli	0,3	0,3	0,6	0,6	0,5	0,4	0,3	0,2	0,3	0,3	0,3	0,3	0,37
August	0,2	0,2	0,9	0,9	0,6	0,3	0,0	−0,3	−0,1	0,2	0,3	0,2	0,32
September	0,3	0,3	0,0	0,3	0,6	0,6	0,5	0,4	0,3	0,4	0,4	0,3	0,39
Oktober	0,7	0,6	0,8	0,9	1,0	0,9	0,9	0,8	0,8	0,8	0,7	0,7	0,80
November	0,2	0,0	0,1	0,9	1,0	0,9	0,7	0,4	0,3	0,3	0,3	0,2	0,44
Dezember	0,6	0,5	0,5	0,8	0,9	0,9	0,7	0,5	0,5	0,5	0,6	0,6	0,63
Mittel	0,40	0,34	0,48	0,67	0,71	0,64	0,52	0,44	0,44	0,44	0,45	0,40	0,50

Die Monatsmittel der Temperatur auf der Sameralm und auf dem Jochriedl, zum Teil auch den jeweiligen Witterungscharakter auf der unterschiedlichen Geländekonfiguration widerspiegelnd, zeigten Differenzen zwischen 0,32 und 0,80° (Tabelle 1). Als Mittelwert der Temperaturunterschiede ergab sich für die untersuchten 9 Monate 0,5° eine Größe, die ungefähr dem halben Jahresdurchschnitt der vertikalen Temperaturgradienten von J. Hann (1931) entsprach. Fast in allen Monaten trat der größte Unterschied der Temperatur zwischen der Sameralm und dem Jochriedl am Vormittag auf.

Der Jochriedl war in einzelnen Stunden vor allem abends, nachts und am Morgen gelegentlich wärmer als die Sameralm. Es ist dies darauf zurückzuführen, daß sich die Sameralm bei Strahlungswetter manchmal noch in der Inversionsschicht befunden hat, die jedoch nicht mehr bis zur Höhe des Jochriedls reichte. Umgekehrt stellte sich mitunter bei einer witterungsbedingten Überhitzung des Sameralmgebietes ein starker Temperaturabfall gegen den Jochriedlrücken ein. Die Obergrenze der Kaltluftschicht der Temperaturinversion lag auch im Mittwinter nur selten höher als 1350 m.

Die Tabelle 2 bringt von den Monaten April bis Dezember 1974 Tagesgänge der Temperaturunterschiede von zwei zu zwei Stunden zwischen der Sameralm und dem Jochriedl bei verschiedenen Wetterlagen. Den verschiedenen Wettertypen ist eine Bemerkung über Bewölkung, Niederschlag und Wind beigefügt, wie sie in Höhen zwischen 1500 und 1700 m herrschten.

Kennzeichnend für den Unterschied der Temperatur im Tagesverlauf zwischen der Sameralm und dem Jochriedl erschien in vielen Fällen eine z. T. starke Veränderlichkeit in zeitlicher Hinsicht. Wechselnder Witterungscharakter während des Tages führte zu einem unterschiedlichen Wärmegenuß des Bodens und zu einer schwankenden Wärmeabgabe an die Luft. Eine intensive Temperaturinversion wie in Tal- und Beckenlagen konnte auf der Sameralm nicht entstehen, weil die etwas erkaltete, schwerer gewordene tiefste Luftschicht nicht an Ort und Stelle verblieb, sondern hangabwärts glitt.

Tabelle 2. Tagesverlauf der Temperaturunterschiede zwischen Sameralm (1510 m) und Jochriedl (1700 m) bei verschiedenen Wetterlagen im Jahr 1974 in °C

Nr.	Datum	Wetterlage
1	11. Juni	Hochdruck-Westkeil, wechselnd wolkig, windschwach
2	4. Juni	Gewitterfront, lebhafter Nordwest, mäßiger Regen
3	18. Juni	Höhentief, schwach windig, ausgiebiger Regen
4	11. September	Hochdruckwetter, heiter, schwach windig
5	21. September	Tief über Oberitalien, wolkig bis bedeckt, Regen
6	26. September	Lebhaftes Nordwestwetter, bedeckt, Schneefall
7	19. Oktober	Mäßiger Südwind (Föhn), heiter bis wolkig
8	9. November	Hochdruckwetter, heiter, windschwach
9	19. November	Stürmisches NW-Wetter, bedeckt, ergiebiger Schneefall

Uhrzeit	2	4	6	5	10	12	14	16	18	20	22	24	Mittel
Nr. 1	0,8	0,0	0,0	1,2	1,8	2,0	2,6	2,2	1,0	1,6	1,4	1,6	1,4
2	−0,2	0,0	−0,8	−0,4	−1,0	−0,4	−0,2	0,0	1,8	1,0	1,0	0,6	0,2
3	1,2	0,8	0,4	−1,2	1,6	0,8	1,2	1,2	1,4	1,2	1,2	1,2	1,0
4	0,4	−0,4	−2,2	−0,6	0,6	0,0	−0,2	1,0	2,0	0,4	1,0	0,4	−0,2
5	0,4	0,6	0,6	1,4	2,6	2,2	2,0	2,0	2,0	2,0	1,0	1,2	1,6
6	0,8	0,4	0,2	0,4	0,2	0,2	0,2	0,2	0,4	0,6	0,6	0,6	0,4
7	1,6	1,0	3,8	4,4	3,8	3,2	2,4	1,8	1,4	2,0	1,8	1,8	2,4
8	0,8	1,4	1,6	4,4	5,6	6,0	4,2	2,2	1,2	0,8	0,8	−0,8	2,4
9	1,8	−2,2	0,0	−1,0	0,0	1,0	0,2	0,6	0,8	0,0	0,4	0,4	0,0

Bei windstillen Hochdruckwetterlagen gab es zwischen der Sameralm und dem Jochriedl den stärksten Tagesgang der Temperaturunterschiede. Am Spätvormittag und um Mittag herum erreichten sie infolge örtlicher Übererwärmung des Bodens bei der Sameralm z. T. erheblich überadiabatische Werte. Abends und nachts blieben die Temperaturdifferenzen durch den Ausstrahlungseffekt bei der Sameralm bei klarem Himmel verhältnismäßig klein. Wiederholt war es dann auf der Sameralm kühler als auf dem Jochriedl.

Föhnwetter verursachte einen im Ausmaß teils kleinen, teils aber auch großen Tagesgang der Temperaturunterschiede zwischen der Sameralm und dem Jochriedl. Wolkiges und windiges Wetter (West- und Nordwestwetter) verursachten im allgemeinen einen geringen tageszeitlichen Verlauf der Unterschiede der Temperatur. Bei Südwest- und Westwetterlagen traten zeitweise durch einen Lee-Effekt bei der Sameralm auch größere Temperaturunterschiede auf. West- und Nordwestwetter mit Regen oder Schneefall bewirkten in der Regel nur einen sehr geringen Tagesgang in den Unterschieden der Temperatur. Ein Höhentief über den Alpen rief Tag und Nacht meist nur fast gleiche Temperaturdifferenzen hervor.

Bezüglich der Einwirkung meteorologischer Faktoren auf den Temperaturunterschied zwischen der Sameralm und dem Jochriedl, auf das Entstehen unterschiedlicher Abnahme der Temperatur mit der Höhe ließ sich feststellen: Windschwaches sonniges Wetter hatte tagsüber große und nachts geringe Differenzen zur Folge. Wolkige und windige Witterung erzeugten relativ kleine Temperaturunterschiede und einen geringen Tagesgang. Dies war ganz besonders bei einer atmosphärischen Zirkulation aus West, Nordwest und Nord der Fall. Luftströmungen aus Südost, Süd und Südwest ließen meist nur einen geringen Tagesgang der Temperaturdifferenzen zu, bewirkten aber relativ höhere Werte. Bei andauerndem Schlechtwetter waren die Temperaturdifferenzen gering bis mäßig groß und der Tagesgang war minimal.

Die Temperaturdifferenzen zwischen dem Talschluß der Wengerau-Forcher und der Hangstation Sameralm wurden in der Tiefe durch das Auftreten einer kräftigen winterlichen Temperaturinversion vielfach längerer Andauer in außerordentlich starker Weise beeinflußt. Zu ihrer Ausbildung trugen dort eine Reihe von örtlichen Bedingungen bei: wolkenarmes Hochdruckwetter mit schwacher Luftbewegung, geringe Turbulenz und starke Ausstrahlung auf der breiten Bodenfläche bei der Station Wengerau-Forcher, rasches Aufklaren nach Kaltlufteinbrüchen, Eindringen einer flachen Kaltluftschicht, die die höheren Hänge freiläßt, Zufluß von Kaltluft aus tieferen Hangteilen.

Die mittleren monatlichen „Temperaturgradienten" zwischen der Wengerau-Forcher und der Sameralm in der Tabelle 3 vermitteln ein eindringliches Bild über das eigenartige Verhalten der Temperatur in der kälteren Jahreszeit zwischen einer Talstation in 980 m Seehöhe und einer Hangstation im Gebirge in 1510 m. Der vertikale Temperaturgradient gibt die Änderung der Temperatur pro 100 m Erhebung an und wird bei Abnahme der Temperatur mit zunehmender Höhe positiv und bei Zunahme der Temperatur mit der Höhe negativ gerechnet.

Tabelle 3. Monatsmittel der Temperaturgradienten im Jahr 1974 zwischen der Wengerau-Forcher und der Sameralm in °C/100 m

Uhrzeit	2	4	6	8	10	12	14	16	18	20	22	24	Mittel
Jänner	−1,0	−1,0	−1,1	−1,3	−1,1	−0,8	−0,7	−0,8	−0,8	−0,9	−0,9	−1,0	−0,80
Februar	−0,3	−0,4	−0,5	−0,6	−0,3	0,1	0,1	0,0	−0,1	−0,1	−0,2	−0,2	−0,23
März	−0,8	−0,7	−0,3	−0,1	−0,2	−0,3	−0,6	−0,7	−0,6	−0,7	−0,8	−0,8	−0,55
April	−0,3	−0,0	0,2	0,1	0,2	0,2	0,2	0,1	−0,0	−0,1	−0,2	0,2	0,33
Mai	−0,0	−0,0	0,1	0,3	0,5	0,6	0,6	0,4	0,3	0,2	0,1	0,0	0,26
Juni	−0,1	−0,1	−0,1	0,0	0,2	0,3	0,2	0,2	0,2	−0,1	−0,2	−0,2	0,03
Juli	0,3	0,3	0,2	0,2	0,1	0,3	0,3	0,4	0,4	0,3	0,2	0,3	0,28
August	0,3	0,1	−0,2	−0,3	−0,1	0,4	0,7	1,0	0,9	0,7	0,5	0,4	0,37
September	0,0	0,0	−0,0	0,0	0,3	0,7	0,8	0,8	0,3	0,1	−0,1	−0,0	0,24
Oktober	0,4	0,4	0,3	0,5	0,6	0,7	0,6	0,5	0,4	0,4	0,4	0,4	0,17
November	−0,1	−0,1	−0,1	−0,2	0,1	0,3	0,1	0,1	0,1	0,0	−0,1	−0,1	0,00
Dezember	−0,1	−0,1	−0,2	−0,2	−0,2	0,0	0,0	−0,1	−0,1	−0,1	−0,1	−0,1	−0,11
Mittel	−0,14	−0,13	−0,14	−0,13	0,08	0,21	0,19	0,16	0,16	−0,03	−0,17	−0,09	0,25

Charakteristisch für das Temperaturverhalten in der Wengerau-Forcher gegenüber der Sameralm erscheint der Umstand, daß es im Durchschnitt der Monate Dezember, Jänner, Februar und März unten kälter war als oben (Monatsmittel des vertikalen Temperaturgradienten bis zu − 0,80°). Im November gab es zwischen beiden 530 m unterschiedlich hoch gelegenen Meßorten im Durchschnitt einen Temperaturgradienten von 0,0°. Die übrigen Monate wiesen positive Monatsmittel des Temperaturgradienten zwischen 0,03 und 0,37° auf (Tabelle 3).

Im Tagesverlauf waren die vertikalen Temperaturgradienten zwischen der Wengerau-Forcher und der Sameralm im Jahresdurchschnitt von 10 bis 18 Uhr positiv und zwischen 20 Uhr und 8 Uhr früh negativ (Tabelle 3).

Die einzelnen Tagesmittel des vertikalen Temperaturgradienten schwankten zwischen der Wengerau-Forcher und der Sameralm in allen Jahreszeiten in beträchtlicher Weise. Während das Tagesmittel am 23. Mai einen positiven Wert von 0,90° erreichte, besaß der 23. Dezember einen negativen Gradienten von 1,99°. Negative Gradienten traten nicht nur im Winter, sondern vereinzelt auch im April, Juni und September auf. Sehr kleine mittlere Tagesmittel oder Isothermie in den Temperaturgradienten stellten sich auch in der kalten Jahreszeit ein. Ein mittlerer überadiabatischer positiver Tagesmittelgradient wurde zwischen der Wengerau-Forcher und der Sameralm nicht beobachtet.

An manchen Tagen des Jahres blieb der Temperaturgradient nachts und tagsüber fast völlig gleich. An anderen Tagen hingegen erfolgte von der Nacht bis gegen Mittag eine beträchtliche Erhöhung und dann wieder eine ansehnliche Abnahme.

Die Tabelle 4 bringt aus dem Jahr 1974 Beispiele des Tagesverlaufes von vertikalen Temperaturgradienten zwischen der Wengerau-Forcher und der Sameralm bei verschiedenen Witterungszuständen.

Tabelle 4. Tagesverlauf des vertikalen Temperaturgradienten zwischen Wengerau-Forcher (980 m) und Sameralm (1510 m) im Jahr 1974 in °C bei verschiedenen Witterungszuständen

Nr.		Datum	Beschreibung
1	13.	Jänner	Zwischenhoch, oben heiter, unten nebelig, windschwach
2	15.	Jänner	Lebhaftes Westwetter, bedeckt, zeitweise Schneefall
3	24.	April	Kaltfrontdurchgang, oben Schneefall, unten Regen
4	2.	Mai	Lebhaftes Nordwestwetter, unten Regen, oben Schneefall
5	13.	Juni	Höhentief über Alpen, bedeckt, oben Schneefall
6	17.	September	Hochdruckwetter, heiter, windschwach
7	1.	Oktober	Tiefdruckrinne, bedeckt, Schneefall bis unter 1500 m
8	19.	Oktober	Mäßiger Südwind (Föhn), heiter bis wolkig
9	23.	Dezember	Hoch über den Alpen, heiter, schwach windig, unten Nebel

Uhrzeit	2	4	6	8	10	12	14	16	18	20	22	24	Mittel
Nr. 1	−2,2	−2,3	−2,4	−2,5	−2,3	−1,4	−1,3	−1,4	−1,3	−1,5	−0,1	−1,2	−1,76
2	−1,0	−0,9	−0,7	−0,5	−0,6	−0,8	−0,9	−0,9	−0,9	−0,9	−0,9	−0,9	−0,75
3	0,9	0,8	0,7	0,6	0,6	0,5	0,7	0,5	0,5	0,3	0,1	0,1	0,52
4	0,3	0,2	0,2	0,2	0,1	0,2	0,4	0,5	0,3	0,2	0,0	0,0	0,22
5	−0,8	−1,0	−1,0	−0,5	0,0	0,3	0,6	0,8	0,7	0,6	−0,2	−0,5	−0,19
6	−0,7	−0,8	−0,8	−0,7	−0,2	0,2	0,5	0,6	0,0	−0,3	−0,3	−0,4	−0,21
7	0,7	0,7	0,5	0,5	0,6	0,7	0,8	0,8	0,7	0,7	0,7	0,7	0,68
8	−0,3	−0,4	−0,9	−0,1	0,3	0,7	0,7	0,4	0,3	0,2	0,1	−0,1	0,08
9	−1,7	−1,7	−2,0	−2,6	−2,4	−1,5	−1,2	−1,8	−2,0	−2,2	−2,3	−2,3	−1,99

Am 21. September stieg der vertikale Temperaturgradient bis auf 1,4° um 10 Uhr an, um dann bis auf — 0,1° um 22 Uhr zurückzugehen. Die größten negativen Temperaturdifferenzen herrschten zwischen der Wengerau-Forcher und der Sameralm im Winter meist am Morgen und am frühen Vormittag. Am 23. Dezember belief sich der negative Temperaturgradient auf 2,6° um 10 Uhr vormittags.

Bezüglich der Einwirkung der einzelnen, in Österreich vorkommenden 16 Wetterlagen ergab sich, daß sie selbst in gleicher Jahreszeit unten und oben nicht immer gleiche Witterungszustände bedingten. West-Nordwest- und Nordwetterlagen erschienen im zeitlichen Gang der Bewölkung, der Intensität der atmosphärischen Zirkulation und hinsichtlich der Ergiebigkeit und Andauer der Niederschläge häufig verschieden. Die Folge davon waren eine im Tagesablauf nicht völlig gleiche Strahlungsbilanz des Bodens und damit auch ein Entstehen von ungleich großen vertikalen Temperaturgradienten. Dieser Umstand und weiters ein oftmals rasch auftretender Wechsel der Witterung verursachten nicht nur deutliche Schwankungen des Temperaturgradienten im Tagesverlauf, sondern auch typische Änderungen mitunter von Tag zu Tag.

Bei Anhalten mehr oder minder gleich starker Bewölkung oder bei Auftreten von Niederschlägen längerer Andauer stellten sich kaum Schwankungen des Temperaturgradienten ein. Zu einer raschen, aber meist vorübergehenden Änderung des Gradienten im Tagesverlauf führten auch Gewitter in der warmen Jahreszeit.

Bei Hochdruckwetter wirkte sich auch die unterschiedlich lange Andauer des Sonnenscheins aus. Am Morgen und Abend war die Wengerau-Forcher infolge der starken Horizontabschirmung länger abgeschattet als die Sameralm. Oben herrschte schon oder noch eine positive Strahlungsbilanz, während unten längere Zeit die Ausstrahlung die Einstrahlung überwog. Die Temperatur stieg am Morgen unten langsamer an als in der Höhe, und abends sank sie früher und stärker als oben ab, was eine Änderung des vertikalen Temperaturgradienten mit sich bringen mußte.

In der Wengerau-Forcher bildeten sich auch in der wärmeren Jahreszeit als Witterung der nächtlichen Ausstrahlung schwache, verhältnismäßig rasch vorübergehende Temperaturinversionen aus. Die winterlichen Temperaturinversionen erreichten nicht immer eine so hohe Ausbildung wie am 23. Dezember. Bei weniger langer Andauer der Winternacht, bei nicht völliger Wolkenfreiheit in der Zeit der negativen Strahlungsbilanz, bei einem höheren Gehalt der Luft an Wasserdampf oder bei etwas Luftbewegung kam es unten zu einer weniger starken Frostverschärfung. Zeitweilig Bodennebel bremste ebenfalls die Ausstrahlung und ein stärkeres weiteres Absinken der Temperatur der bodennahen Luft. In der Höhe spielte für die Größe des vertikalen Temperaturgradienten auch der Zustrom von unterschiedlich kalter Luft eine Rolle.

Im Bereich der Wengerau-Forcher und der Sameralm ist für das Verhalten der Temperatur und für das Entstehen unterschiedlicher Ausmaße der vertikalen Temperaturgradienten nicht nur die Ausbildung einer mäßigen bis starken winterlichen Temperaturinversion maßgebend, sondern auch eine starke Veränderlichkeit der Temperatur in der wärmeren Jahreszeit, die unten und oben häufig nicht ganz gleichartig und gleichzeitig auftritt. Das in der Tiefe und in der Höhe meist nicht konforme Schwanken der Temperatur während der einzelnen Tage und im Ablauf der Jahreszeiten erklärt das erheblich veränderliche Ausmaß des vertikalen Temperaturgradienten zwischen der Wengerau-Forcher und der Sameralm, das im Durchschnitt der Monate Dezember bis März überhaupt nicht einmal positiv ist.

Als bemerkenswert für den „Warmen Hang" bei der Sameralm in 1510 m Seehöhe erscheint, daß an einer Stelle angepflanzte Erdbeeren schöne Früchte zeitigten. Unterhalb der Wetterhütte siedelten sich Erdbeeren ganz von selbst an und brachten ebenfalls schöne Früchte hervor.

Die 90-Jahr-Feier des Sonnblick-Observatoriums

Von O. Eckel, Wien

Österreich war im Jahre 1976 Gastland für die Veranstaltung der 14. Internationalen Tagung für Alpine Meteorologie. Es lag nahe, diese Tagung mit einem besonderen Ereignis zu verbinden, mit der 90-Jahr-Feier des Sonnblick-Observatoriums. Natürlich fanden beide Veranstaltungen in der Marktgemeinde Rauris, der Basisstation für das Observatorium, statt.

Die alpin-meteorologische Tagung wurde vom 15. bis 17. September 1976 abgehalten. Gewissermaßen als Auftakt zur anschließenden Feier waren die Vorträge am Nachmittag des 17. September bereits dem Thema „Hochalpine Meteorologie", unter anderem der wissenschaftlichen Tätigkeit des Sonnblick-Observatoriums, gewidmet. Welche meteorologischen und geophysikalischen Probleme im einzelnen untersucht wurden, welche neuen Erkenntnisse die jahrzehntelangen Messungen und Beobachtungen erbracht haben und welche Forschungsaufgaben derzeit besonders aktuell sind, darüber unterrichtet eine zusammenfassende Darstellung im Tagungsbericht[1].

Eingeleitet wurde die 90-Jahr-Feier durch einen von der Heimatgruppe Rauris am Abend des 17. September im Gasthof Grimming veranstalteten Heimatabend. Unter Leitung des Gemeindesekretärs Stefan Reiter wurden in bunter Folge musikalische Darbietungen ländlicher Art und Volkslieder vorgetragen, Blasmusik gespielt und Gruppentänze gezeigt, wobei Volksschuldirektor Hans Viehauser mit verbindenden Worten und Witzen für beste Stimmung sorgte. Auch die Heimatdichterin Bertha Schwaiger brachte heitere Geschichten und lustige Verse. Die überaus zahlreich erschienenen Gäste waren über das gelungene Unterhaltungsprogramm sehr erfreut und dankten mit lebhaftem Beifall.

Der 18. September war ganz der 90-Jahr-Feier vorbehalten. Das Wetter war für die Jahreszeit zu kalt und windig, aber trocken. Daher konnte das Fest am Vormittag im Freien abgehalten werden, wobei die Teilnehmer, sofern sie keine Winterbekleidung trugen, ziemlich froren. Der Festakt am Nachmittag allerdings mußte in den Turnsaal der Hauptschule verlegt werden.

Programmgemäß wurde die Feier mit einem historischen Festzug eingeleitet. Zwanzig kostümierte Gruppen veranschaulichten charakteristische Gestalten aus der Vergangenheit: keltische Taurisker, römische Bergaufseher, Gewerkenfamilien, Trachtengruppen mit Schiach- und Schnabelperchten und ein Wagen mit dem Modell des Sonnblick-Observatoriums. Die Rauriser Trachtenkapelle unter Leitung von Sparkassendirektor A. Mayer begleitete gekonnt mit ländlichen Märschen und Weisen den Festzug, in den Pausen zeigten Berittene ihre Kunst im Peitschenknallen.

Es folgte die Kranzniederlegung am Grab von Ignaz Rojacher, des Erbauers des Sonnblick-Observatoriums. Der Vorsitzende des Sonnblick-Observatoriums, Dr. Wil-

---

[1] Der Tagungsbericht erscheint in den „Arbeiten der Zentralanstalt f. Met. u. Geodyn.".

helm Schwabl, gedachte in schönen Worten des großen Rauriser Bürgers, aber auch jener Männer, die im Dienste des Sonnblicks ihr Leben lassen mußten:

„Ignaz Rojacher gebührt das Hauptverdienst, eine umfassende Idee verwirklicht zu haben, nämlich die Errichtung des Observatoriums am Sonnblick, dessen 90jähriger Bestand eben gefeiert wird. Rojacher ist aus ganz ärmlichen Verhältnissen gekommen und hat eine harte Jugend gehabt. In seiner Zeit gab es noch keinen Gedanken von dem heute so stark geprägten Begriff der Chancengleichheit, aber die harte Arbeit und seine geistigen Voraussetzungen haben genügt, um ihn zu einem geachteten Experten im Bergbau zu machen, zuletzt zum Eigentümer des Rauriser Goldbergwerkes. Dieser Mann, der seinen Ideen im buchstäblichen Sinne des Wortes Höhenflug gegeben hat, verdient es, der Jugend über das enge Rauriser Tal hinaus, auch über die Grenzen Salzburgs hinaus als Vorbild hingestellt zu werden. Er hat mit der Errichtung des Observatoriums ein Ziel erreicht, das Bestand hatte, allerdings hat es anfangs viel Mut bedurft und viel Einsatzwillen, die Arbeit zu leisten oben am Sonnblick. In den folgenden Jahren sind die Lebensbedingungen doch allmählich leichter geworden, doch der Berg hat seine Opfer gefordert und hat immer wieder grausam zugeschlagen: 1898 Johann Moser als Beobachter am Berg verstorben, 1933 Leonhard Winkler abgefahren vom Berg, weil er erkrankt war, zu Sturz gekommen und an den Folgen des Unfalles gestorben, 1944 das Ehepaar Rupitsch in einem Schneesturm umgekommen, 1950 Andreas Leiner das Opfer einer Lawine, 1953 Viktor Kuzel bei Reparaturarbeiten vom Blitz erschlagen. Ihnen allen wollen wir ein ehrendes Andenken bewahren."

Es schloß sich der Festgottesdienst am Kirchenplatz an. In der Predigt schilderte Pfarrer Franz Stangelmeier das Leben von Ignaz Rojacher, seine arme Abkunft, seinen beruflichen Werdegang vom Knappen zum Pächter und späteren Besitzer des Goldbergbaues, schließlich die verdienstvolle Pionierarbeit als Erbauer des ersten und höchsten Bergobservatoriums der Erde.

Die von der Rauriser Trachtenkapelle vorgesehenen Darbietungen mußten leider wegen der kalten und unfreundlichen Witterung vorzeitig abgebrochen werden. Auch der für den Nachmittag angesetzte Festakt konnte nicht im Freien abgehalten werden.

Vorsitzender Dr. W. Schwabl begrüßte die Festgäste, verlas die Grußbotschaften aus nah und fern und dankte für die vielseitig erfolgte Unterstützung des Observatoriums durch öffentliche und private Stellen:

„Namens des Sonnblick-Vereins habe ich die Ehre, Sie alle auf das herzlichste zu begrüßen. Es ist eine große Freude, daß die Gäste aus dem In- und Ausland in so reicher Zahl zu uns gekommen sind. Ein besonderer Gruß gilt Ihnen, Herr Landeshauptmann Dr. Lechner, Sie haben den Ehrenschutz übernommen zusammen mit dem Minister für Wissenschaft und Forschung, Frau Dr. Hertha Firnberg, der es leider nicht möglich war, zu uns zu kommen. Sie hat aber ein Telegramm gesandt, das ich hier verlesen möchte:

‚Da es mir leider nicht möglich ist, an der Feier anläßlich des 90jährigen Bestandes des Sonnblick-Observatoriums teilzunehmen, bitte ich Sie, allen Teilnehmern an dieser Feier meine besten Grüße zu übermitteln. Meine besondere Anerkennung bitte ich den Beobachtern des Sonnblick-Observatoriums für ihre aufopfernde Tätigkeit, ohne die eine effiziente Forschungstätigkeit auf diesem Gebiet nicht möglich wäre, zum Ausdruck zu bringen. Die österreichische meteorologische Forschung könnte nicht bestehen, wenn nicht von den Beteiligten im reichen Maß und mit vollem Einsatz hier Mitarbeit geleistet würde.'

Mit besonderer Freude begrüße ich den Herrn Vizepräsidenten der Österreichischen Akademie der Wissenschaften, Prof. Dr. Erich Schmid, den Herrn Landeshauptmannstellvertreter Karl Steinocher, den Herrn Landesrat Dr. Katschtaler, in Vertretung Seiner Magnifizenz des Rektors der Universität Innsbruck den Herrn Prof. Dr. Helmut Pichler, ferner den Herrn Bezirkshauptmann von Zell am See, Hofrat Dr. Effenberger, und den Herrn Bürgermeister von Rauris, Anton Altenhuber. Ebenso darf ich Vertreter der ausländischen meteorologischen und verwandten Gesellschaften begrüßen, Herrn Prof. Dr. W. Dieminger, von der Deutschen Max-Planck-Gesellschaft zur Förderung der Wissenschaften, und Herrn Dr. E. Süssenberger, Präsident des Deutschen Wetterdienstes, ferner Herrn Prof. Dr. Ferdinand Steinhauser, den stellvertretenden Vorsitzenden des Sonnblick-Vereins. Mein Gruß gilt ferner dem Vertreter des Deutschen Alpenvereins, Herrn Prof. Finsterwalder, und dem Vertreter der Sektion Halle des Deutschen Alpenvereins, Herrn K. Baumann. Für die Sektion Salzburg des Österreichischen Alpenvereins begrüße ich den ersten Vorsitzenden, Herrn Markus Schmuck, und last, not least den Vertreter des Touristenvereins ‚Die Naturfreunde', Herrn Ing. Erich Komareck.

Es ist uns eine Reihe von Telegrammen zugegangen: vom Bundesminister für Landesverteidigung Karl Lütgendorf, vom Bundesminister für Verkehr Erwin Lanc, vom Bundesminister für Land- und Forstwirtschaft Dipl.-Ing. Dr. Weihs und vom Bundesminister für Unterricht und Kunst Dr. Fred Sinowatz. Grußbotschaften haben auch an uns gerichtet: Seine Magnifizenz der Rektor der Universität Wien, Prof. Dr. Seitelberger, sowie die Spektabilitäten, die Dekane der Universität Wien, Prof. Dr. Hlawka und Prof. Dr. Gutmann. Grußbotschaften sandten auch die meteorologischen Gesellschaften der BRD und DDR, die Österreichische Elektrizitätswirtschafts A.G. und die Draukraftwerke sowie zahlreiche Persönlichkeiten des In- und Auslandes.

Von den Gratulanten nun aber zu den Helfern des Sonnblick-Observatoriums. Im Jahre 1945 mußte man von Punkt Null wieder anfangen, und da war es wirklich notwendig, daß alle zusammengewirkt haben. Zu danken ist in erster Linie den Bundesministerien für Unterricht, für Wissenschaft und Forschung, für Inneres und für Landesverteidigung. Sie haben in mannigfacher Weise beigetragen, das klaglose und ununterbrochene Bestehen des Observatoriums zu ermöglichen. Zu danken ist der Österreichischen Akademie der Wissenschaften in ganz besonderer Weise. Ohne ihre Unterstützung hätte das Observatorium in Krisenzeiten nicht existieren können. Zu danken ist der Salzburger Landesregierung für die stete Hilfsbereitschaft in Notfällen. Zu danken ist den Tauernkraftwerken für die tatkräftige Mithilfe bei Behebung von Schäden an der Seilbahn. Sie können sich vorstellen, welch hohe Kosten Reparaturen an Bauwerken unter den schwierigsten Bedingungen verursachen würden, wenn nicht diese Stellen hier ihre Hilfe bereitwilligst zur Verfügung gestellt hätten. Zu danken ist auch dem örtlichen Bergrettungsdienst unter Führung des Herrn Gendarmerie-Bezirksinspektors Wilding und den Firmen, Handwerksbetrieben, insbesondere dem Wohlwollen der Gemeinde Rauris unter der Leitung des Bürgermeisters Altenhuber. Zu danken habe ich aber auch allen ehemaligen und auch hier anwesenden Beobachtern, insbesondere dem Ehepaar Hermann und Eva Rubisoier, das zehn Jahre lang am Sonnblick aushielt, und zuletzt unseren drei wackeren Männern am Sonnblick, Eicher, Lindler und Wallner.

Für die Weiterführung des Sonnblick-Observatoriums ist der Ausbau der Wetterwarte durchaus sinnvoll und notwendig, denn die Aufgaben sind keinesfalls weniger geworden, die ein Höhenobservatorium dieser Art zu erfüllen hat, denken wir nur der Aufgabe, die es hat als Nullbeobachtungsstelle der Luftverschmutzung in der näheren und weiteren Umgebung. Diese Aufgaben werden auch in der Zukunft bedeutende Mittel erfordern. Wir sind dem Ministerium dankbar, wenn es hiefür Mittel zur Verfügung gestellt hat, und wir sind uns völlig im klaren darüber, daß das gegeben wurde, was gegeben werden konnte, was freilich nicht ausreicht, um hier einen Erweiterungsbau aufzuführen, der etwa das Zehnfache kostet, als im Augenblick zur Verfügung steht. Aber mit dem Optimismus, mit dem in der Vergangenheit an diese Aufgaben getreten wurde, soll ja auch in Zukunft operiert werden, und ich bin sicher, daß alle diese nicht so leichten Probleme gelöst werden können. In diesem Sinne möchte ich nochmals herzlich danken und den Wunsch zum Ausdruck bringen, daß beim 100-Jahr-Jubiläum ein Großteil dieser Aufgaben bereits gelöst ist."

Als erster Gratulant überbrachte der Direktor der Zentralanstalt für Meteorologie und Geodynamik, Prof. Dr. H. Reuter, die Glückwünsche des Generalsekretärs der Meteorologischen Weltorganisation in Genf, Dr. Davis. Die Gratulation der Zentralanstalt faßte er in folgende Worte:

„Wenn sich die Zentralanstalt für Meteorologie als erster Gratulant für das Geburtstagskind zu Wort meldet, so hat dies einen guten Grund. Kann doch mit Recht das Sonnblick-Observatorium als ein Kind betrachtet werden, bei dessen Geburt die Zentralanstalt Pate stand und dessen weiteren Lebensweg sie bestimmt hat. Mag sein, daß die familiären Verhältnisse mitunter etwas verwirrend waren und nicht immer ganz geklärt werden konnten, da das Sonnblick-Observatorium mehrere Adoptivväter hatte und noch hat. Aber die wissenschaftliche Erziehung hat, um bei dem Gleichnis zu bleiben, immer die Zentralanstalt in der Hand gehabt, und wie ich meine, war diese Erziehung gut. Sie war nicht immer leicht, da sich in den vergangenen 90 Jahren so manches geändert hat. Die Meteorologie stand zum Zeitpunkt der Gründung unseres Observatoriums praktisch am Anfang der Forschung. Heute, fast 100 Jahre später, erleben wir eine Forschungsphase, die unter Einsatz von Wunderwerken moderner Technik wie Radiosonden, Forschungsraketen, Satelliten und elektronischen Computern einen Stand erreicht hat, der es erlaubt, Probleme einer Lösung zuzuführen, von denen die Gelehrten zu Anbeginn der Forschung nicht einmal zu träumen wagten. Aber eines hat sich nicht geändert, nämlich die Tatsache, daß die Grundlage jedweder meteorologischer Erkenntnis immer die solide und gewissenhafte Beobachtung des Wetters sowie die genaue subtile Messung der meteorologischen Parameter oder Kenngrößen bleibt. Sicherlich haben wir gelernt, die Beobachtungs- und Meßtechnik den modernen Erfordernissen anzupassen. Alle modernen physikalischen und mathematischen Hilfsmittel können aber nur dann effektvoll eingesetzt werden, wenn letztlich auch die Beobachtungen zur Verfügung stehen. Und so haben Bergobservatorien auch heute noch ihre volle Bedeutung. Sie allein liefern kontinuierliche Meßreihen der Beobachtungsgrößen aus höheren Luftschichten, sie allein können unbeeinflußt durch die immer größer werdenden anthropogenen Einflüsse der modernen Industriegesellschaft auf Wetter und Klima das Verhalten der Atmosphäre dort studieren, wo diese Einflüsse nicht vorhanden sind.

Und so können wir mit Recht stolz sein auf den Jubilar. Er hat in seinem 90jährigen Bestehen die Erwartungen, die in ihn gesetzt wurden, voll und ganz erfüllt. Das Sonnblick-Observatorium ist zu einem Symbol alpiner Forschung in Österreich geworden. Und so will ich mit dem Geburtstagswunsch schließen, daß dieses Symbol in fruchtbarer Zusammenarbeit zwischen theoretischer Wissenschaft und praktischer Forschung, in fruchtbarer Zusammenarbeit zwischen Gelehrten am Schreibtisch, den Computern und den Beobachtern im Kampf mit den Unbilden des Wetters weiter bestehen soll. Ich wünsche dem Geburtstagskind den alten Spruch, daß es gesund bleibe und weiterhin die Erwartungen erfüllen möge: Ad multos annos!"

Nun ergriff der Landeshauptmann Dipl.-Ing. DDr. Hans Lechner das Wort zu seiner in sehr herzlicher Weise gehaltenen Begrüßungsansprache:

„Ich darf Sie nun meinerseits als Vertreter des Salzburger Landes, in dem Sie sich jetzt befinden, sehr herzlich begrüßen. Rauris wurde in den letzten Jahren neben seiner landschaftlichen Schönheit, seiner besonderen Lage und seiner interessanten wirtschaftlichen Entwicklung vor allem für kulturelle Aktivitäten bekannt, die weit über die Grenzen unseres Landes hinaus Beachtung gefunden haben. Gewiß sind Ihnen Begriffe wie die Rauriser Kulturtage, die Malertage usw. bekannt, auch wenn Sie nicht aus Österreich stammen. Dabei ist die große Bedeutung, die das gesamte Rauriser Tal durch seine enge Verbindung mit dem Sonnblick-Observatorium, dem höchsten Gipfelobservatorium Europas, erreicht hat, in der Öffentlichkeit etwas in den Hintergrund getreten. Diese Bedeutung war den wissenschaftlichen Institutionen viel präsenter, wenn ich mich an die schöne Feier des Sonnblick-Vereins vor 15 Jahren in Rauris erinnere. Im Gasthof Grimming wurde sie abgehalten, eng zusammengedrängt, aber voll Feuer, voll Ideen und voll Zustimmung der Bevölkerung zu dieser Institution.

Das große internationale Ereignis, die Alpin-meteorologische Tagung, und das Jubiläumsfest des Sonnblick-Vereines sind gerade dazu angetan, das Observatorium unseren Mitbürgern in Österreich und auch jenseits unserer Grenzen wieder deutlich in Erinnerung zu rufen. Seine Einrichtung vor 90 Jahren war eine bewundernswerte Pionierleistung, und alle, die die Geschichte von Rojacher mit seinem Gespür für die Zukunft kennen, werden das bejahen. Oft wird ja eigentlich vergessen, daß Wissenschaft keineswegs immer als Arbeit im gesicherten und wohltemperierten Raum etwa von Universitätsinstituten betrieben wird, sondern daß Forschung sehr oft höchst abenteuerliche und gefahrvolle Tätigkeit ist. Sie fordert Menschen mit Forschungsdrang und Pioniergeist, die bereit sind, für ihr Wissen auch etwas zu riskieren, geistige und körperliche Kräfte einzusetzen. Sie benötigt auch so bewährte und so tüchtige Helfer, wie es am Sonnblick-Observatorium die Wetterbeobachter sind. Auch die alpine Meteorologie stellt eine ganz besondere Herausforderung dar, deren Bedeutung im einzelnen ich Ihnen hier wohl nicht darlegen muß.

Sie haben eben Ihre Tagung für alpine Meteorologie abgeschlossen, und ich darf Sie, verehrte Teilnehmer aus allen Alpenländern, wenn auch schon verspätet, um so herzlicher willkommen heißen und dem Sonnblick-Verein im Namen des Salzburger Landes sehr, sehr herzlich danken für alles das, was durch so viel Jahrzehnte hindurch in getreulicher Arbeit getan wurde, aus eigener Initiative, nicht einer äußeren Verpflichtung folgend. Ich hoffe, daß die Gespräche hier interessant und erfolgreich waren, daß die Tage hier Ihnen Schönes und Neues geboten haben, etwas Neues vielleicht auch an Landschaft, an Menschen und an Erlebnissen hier in Rauris. Ich freue mich, daß wir am anschließenden Empfange uns noch gemeinsam unterhalten können, und ich möchte nochmals dem Sonnblick-Verein eine weitere erfolgreiche Arbeit im nächsten Jahrzehnt wünschen."

Der Bürgermeister der Marktgemeinde Rauris brachte in sehr netten Worten die enge Verbundenheit seiner Gemeinde mit dem Schicksal des Sonnblicks zum Ausdruck:

„Ich darf Sie auch im Namen der Gemeinde Rauris hier sehr herzlich begrüßen. Es ist für uns eine große Ehre, daß Rauris als Tagungsort auserwählt wurde. Wenn wir uns fragen, warum gerade Rauris, so ist die Antwort darauf wohl nicht schwer zu finden. Verbunden mit der Tagung ist die Feier des 90jährigen Bestandes des Observatoriums auf dem Sonnblick. Vor 90 Jahren hat Rojacher es erbaut. Seinen Lebenslauf hat der Herr Pfarrer heute bei der Feldmesse ausführlich geschildert, ebenso die Arbeit anderer Pioniere, die mitgeholfen haben, das Werk zu vollbringen. Ich denke da besonders an

Herrn Ritter von Arlt, den Vater des gestern verstorbenen Landesgerichtsrats Dr. Arlt, dem es leider nicht mehr gegönnt war, das Fest mit uns zu feiern.

Wenn wir Rauriser besonders stolz auf unseren Sonnblick sind und ihn als unseren Hausberg bezeichnen, so mit Recht, denn kaum ein anderer als der Sonnblick hat so viel geschichtliche Vergangenheit aufzuweisen. Die enge Verbundenheit unserer Talbewohner reicht in die Zeit des Goldbergbaues zurück, wo im Talabschluß ja viele Rauriser als Bergknappen ihre Arbeitsstätte fanden. Nach dem Goldbergbau waren noch Rauriser als Träger zum Sonnblick und zu den Unterkunftshütten beschäftigt. Mir ist vor einigen Tagen ein Bild gezeigt worden von zwei Raurisern, die heute noch am Leben sind, wie sie eben Rast hielten oben auf der Rojacher-Hütte und ihre Kopfkraxen ablegten. Auf der Rückseite des Bildes las ich das Datum 3. August 1928 und die Lasten 94½ und 96 kg. Also, ich glaube bestimmt, daß da Leistungen vollbracht wurden, die erwähnenswert sind und die wohl heute kaum einer schaffen würde.

Die enge Verbundenheit der Rauriser hat sich aber auch in der Zeit bewiesen, wo es um das Observatorium am Sonnblick finanziell nicht am besten bestellt war. Es wurde von Hauptschullehrer Bendl aus Wien eine Aktion ins Leben gerufen, ‚Alle helfen mit‘, und eine Kleinzeitschrift herausgegeben, die ‚Sonnblick-Nachrichten‘, deren Erlös für die Finanzierung der notwendigsten Aufgaben mitverwendet wurde. Diese Aktion wurde auch vom Land Salzburg und von der Gemeinde Rauris, unter dem damaligen Bürgermeister Hinterbichler und von unserem Sekretär Stefan Reiter, tatkräftig unterstützt.

Sehr geehrte Damen und Herren, liebe Teilnehmer, ich hoffe, daß Sie sich die paar Tage in Rauris wohlgefühlt haben, daß Sie mit uns einigermaßen zufrieden waren und einen guten Eindruck mit nach Hause nehmen können. Wenn auch das Wetter nicht so war, wie wir es wohl alle gewünscht hätten, wir können nichts dafür, und wir wollen auch die Meteorologen nicht dafür verantwortlich machen. Ich danke allen, die es ermöglicht haben, diese Tagung hier abzuhalten, besonders dem Sonnblick-Verein, ich danke allen, die mitgeholfen haben, das Fest zu gestalten, die Organisation zu machen, aber auch herzlichen Dank allen jenen, die heute gekommen sind, das Fest mit uns zu feiern."

Der Vizepräsident der Österreichischen Akademie der Wissenschaften, Prof. Dr. Erich Schmid, erinnerte an die enge Beziehung, die die Akademie der Wissenschaften mit dem Sonnblick-Observatorium seit seiner Gründung verbindet, und an die vielfältige Unterstützung und das Interesse, das sie den Arbeiten des Observatoriums entgegenbringt:

„Es bedeutet für mich eine hohe Ehre, Sie im Namen der Österreichischen Akademie der Wissenschaften zu begrüßen und dem Sonnblick-Observatorium zu seinem 90jährigen Bestand sehr viele und herzliche Wünsche zu überbringen. Das Observatorium ist zwar kein Institut der Akademie, aber die Akademie bringt seit eh und je den Arbeiten dieser Organisation das größte Interesse entgegen. Die wissenschaftliche Arbeit des Sonnblick-Observatoriums wird von der Akademie schon seit 1888 unterstützt. Zweimal im Lauf der Jahre tritt die Akademie besonders aktiv in den Vordergrund, dann, wenn das Bestehen des Observatoriums gefährdet erscheint. Zum ersten Mal ist dies im Jahre 1925 geschehen. Über Anregung der Österreichischen Meteorologischen Gesellschaft und auf Antrag der Mathematisch-naturwissenschaftlichen Klasse der Akademie der Wissenschaften wird eine Vereinbarung geschlossen, der zufolge das Unterrichtsministerium und die Kaiser-Wilhelm-Gesellschaft zur Förderung der Wissenschaften zur Unterstützung des Observatoriums verpflichtet sind. Im Jahr 1892 wird der Sonnblick-Verein gegründet, und die Statuten werden im Jahre 1925 umgestaltet, es wird ein Kuratorium gebildet, in dem Vertreter der beiden Regierungen, die Kaiser-Wilhelm-Gesellschaft, die Österreichische Akademie der Wissenschaften und der Deutsche und Österreichische Alpenverein vertreten sind. 1930 schaffte die Akademie eine Kommission für hochalpine Forschungen, deren Aufgabe unter anderem die wissenschaftliche Betreuung der Forschung auf dem Sonnblick ist. Eine erneute ernste Gefährdung des Sonnblick-Observatoriums tritt am Ende des zweiten Weltkrieges ein. Der Hauptgeldgeber, die Kaiser-Wilhelm-Gesellschaft, stellt die Zahlung der Beiträge mit April 1945 ein. Die Akademie übernimmt mit dem wieder konstituierten Sonnblick-Verein und mit dem Bundesministerium für Unterricht die Sorge für das Observatorium. Vom staatlichen Wetterdienst wird ein Beobachter gestellt. Damit sind aber die Schwierigkeiten keineswegs behoben. Der Sonnblick-Verein erläßt seinen bekannten Hilferuf ‚Rettet den Sonnblick'. Auf diesen Hilferuf werden von Wiener Schülern öS 100 000,— gesammelt. 1952 werden die Satzungen des Sonnblick-Vereines erneuert. Darin wird verankert, daß die Mittel zur Erreichung des Zweckes durch die Österreichische Akademie der Wissenschaften und durch das Bundesministerium für Unterricht aufgebracht werden. Die Akademie übernimmt das Sonnblick-Observatorium in den Kreis ihrer wissenschaftlichen Unternehmungen. Im Rahmen ihrer Möglichkeiten hat die Akademie seit damals immer wieder ihre Verpflichtungen erfüllt. Ständig werden Beträge beigebracht, nicht nur für die technischen Einrichtungen der Station, sondern auch für die Erhaltung der Seilbahn, die ja immer wieder Sturm- und Schneeschäden erleidet. Die Vertretung der Anliegen des Sonnblick-Observatoriums und des Sonnblick-Vereins in der Akademie wird durch Herrn Prof. Dr. Steinhauser wahrgenommen, der nicht nur der Obmann der Kommission für hochalpine Forschungen ist, sondern auch der Delegierte der Akademie im Kuratorium des Sonnblick-Vereins. Die weltweite wissenschaftliche Ausstrahlung des Sonnblick-Observatoriums ist durch die eben hier stattfindende 14. Internationale Tagung für Alpine Meteorologie deutlich bekundet. Die Akademie wird sich auch weiterhin gemeinsam mit der Zentralanstalt für Meteorologie und Geodynamik, mit der sie seit deren Gründung vor 125 Jahren enge und freundschaftliche Beziehungen verknüpfen, für die Erhaltung der Forschung auf dem Sonnblick, so gut sie kann, einsetzen. Sie wünscht diesen theoretisch wie praktisch gleich wichtigen Arbeiten auch weiterhin einen vollen Erfolg."

Prof. Dr. W. Dieminger überbringt die Grüße und Glückwünsche der Max-Planck-Gesellschaft und ihres Präsidenten Prof. Dr. Rainer Lüst. Er betont das unveränderte Interesse der Gesellschaft an der Meteorologie im allgemeinen und am Sonnblick-Observatorium im besonderen und erinnert daran, daß er schon einmal, nämlich während des 75jährigen Jubiläums, das Verngügen hatte, die Glückwünsche des damaligen Präsidenten zu übermitteln.

Dr. E. Süssenberger, der Präsident des deutschen Wetteramtes, schloß sich mit folgenden Worten den Gratulanten an: „Das 90jährige Bestehen des Meteorologischen Observatoriums auf dem Sonnblick ist nicht nur für die österreichischen Meteorologen ein Anlaß zur Freude, des Stolzes und der Genugtuung, es ist auch für die Meteorologen aller Anliegestaaten der Alpen und darüber hinaus für die gesamte europäische Wetterdienstfamilie im weitesten Sinne ein Grund für freudige Anteilnahme an diesem bemerkenswerten Ereignis.

Deswegen sind Meteorologen in großer Zahl und aus vielen Ländern nach Rauris gekommen, um mit ihren österreichischen Kollegen die Jubiläumsfeier gemeinsam zu begehen und eine Anerkennung für den Pioniergeist ihrer Vorgänger bei der Gründung des Observatoriums auszusprechen, die für viele andere Länder beispielhaft war, und ihnen für ihre zuverlässige und dauerhafte Leistung in der Wetterbeobachtung am Sonnblickgipfel zu danken. Denn die Beobachtungsergebnisse des Observatoriums kommen nicht nur dem eigenen Lande zugute, sie sind auch für die Wetterdienste der umliegenden Länder zur Lösung ihrer Aufgaben von großem Nutzen.

Ich empfinde es als eine große Auszeichnung, Ihnen als den Trägern und Förderern des Sonnblick-Observatoriums, den Wetterbeobachtern, die im aufreibenden Dienst rund um die Uhr unter extrem schweren Bedingungen das Wetter beobachten, und darüber hinaus den österreichischen Meteorologen die herzlichsten Glückwünsche zu diesem Jubiläum überbringen zu dürfen.

Ich tue dies im Namen aller ausländischen Teilnehmer an dieser Feierstunde, und ich tue dies im Namen aller Wetterdienste, die von der Tätigkeit der Wetterbeobachter auf dem Sonnblick Nutzen haben. Ich fühle mich zu einer solchen umfassenden Aussage berechtigt als Angehöriger der wetterdienstlichen Gemeinschaft, deren größte Tugend es ist, unentwegt und ohne Rücksicht auf äußere und ideologische Grenzen eine intensive und fruchtbare Zusammenarbeit zu pflegen.

Wir sehen in dieser Jubiläumsfeier eine willkommene Gelegenheit, über den Austausch wissenschaftlicher Ergebnisse und praktischer Erfahrungen hinaus in gegenseitigen persönlichen Kontakt zu kommen, uns kennenzulernen, uns wiederzusehen, alte Freundschaften zu vertiefen und neue Freundschaften zu schließen.

Viele von uns erinnern sich an die denkwürdigen Tage in Rauris vor 15 Jahren, als wir den 75. Geburtstag des Observatoriums begingen und als die beiden Altmeister der Meteorologie Albert Defant und Karl Knoch noch unter uns waren.

Wir sind überrascht, Herr Bürgermeister, wie schön sich ihre Gemeinde in der Zwischenzeit entwickelt hat. Sie hat sicher auch unter uns viele Anhänger gefunden, die gerne wieder hierherkommen werden.

Wenn nicht schon eher, so wäre doch in 10 Jahren das Jubiläum des 100jährigen Bestehens des Sonnblick-Observatoriums dazu eine gute Gelegenheit. So wünschen wir dem Observatorium eine gedeihliche Weiterentwicklung in der Zukunft und uns allen ein glückliches Wiedersehen in Rauris im Jahre 1986."

Prof. Dr. H. Pichler übermittelt die Wünsche des Rektors der Universität Innsbruck, Magnifizenz Prof. Dr. J. Muck, und sagte: „Die exakte wissenschaftliche Analyse der Beobachtungsdaten des Sonnblick-Observatoriums haben der Meteorologie eine ganze Reihe wertvoller Erkenntnisse gebracht, und wir wissen gerade heute, daß wir im Zeitalter der Fernerkundung mittels Satelliten gerade auf diese Bergstationen nicht verzichten können, da wir diese Stationen als Basiskontrolle benötigen. Daher ist mein sehnlichster Wunsch, daß der Sonnblick-Verein und das Sonnblick-Observatorium in Zukunft alle finanziellen Schwierigkeiten meistern mögen, daß der Wissenschaft, insbesondere der Meteorologie, diese wertvollen Beobachtungsdaten erhalten bleiben."

Herr Koch, der Vertreter des Österreichischen Alpenvereins, schließt sich den Gratulanten an und bringt sein Gefühl der Dankbarkeit für die Leistungen der Meteorologie, der Beobachter und insbesondere ihrer Hilfsbereitschaft zum Ausdruck: „Der Österreichische Alpenverein gratuliert zum 90jährigen Bestehen des Sonnblick-Observatoriums. Namens des größten Bergsteigervereins — wir zählen über 200 000 Mitglieder — haben wir zu danken für Ihre Tätigkeit, für die Anstellung und Übermittlung der Wetterbeobachtungen. Sie ermöglichen uns das Bergsteigen im Sommer und Winter. Die Sektion Salzburg dankt im besonderen Herrn Prof. Dr. Tollner und Herrn Dr. Mahringer, die uns immer spezielle Auskünfte über die Verhältnisse im Hochgebirge gegeben haben. Wir sind ja darauf angewiesen, günstige Voraussetzungen bei unseren Bergtouren anzutreffen. Wir haben aber auch ganz besonders den Wetterwarten zu danken, es kommt doch sehr oft vor, daß die Bergsteiger in Schneestürmen mit letzter Kraft dem Gipfel zustreben. Wir danken für die liebevolle Aufnahme im Observatorium, für die Möglichkeit, am Berg etwas zu kochen. Ihr wißt das ganz genau, wie es uns da droben geht, wenn wir vereist im Winter am Observatorium eintreffen. Wir danken aber auch für Ihre stete Hilfe, die Sie in Not geratenen Bergsteigern gewähren. Es ist nicht so einfach, sich bei schlechten Wetterbedingungen um die Bergsteiger zu kümmern und zu helfen, daß die Leute wieder gesund in das Tal herunterkommen. Namens des Alpenvereins wünsche ich dem Sonnblickverein, dessen Nutznießer wir unmittelbar sind, für die nächsten zehn Jahre viel Erfolg, insbesondere die Erfüllung der Ausbauwünsche des Observatoriums."

Nach diesen Begrüßungsansprachen hielt Prof. Dr. F. Steinhauser die Festrede. Er hat als Meteorologe die Beobachtungs- und Meßergebnisse in umfassender Weise bearbeitet, seit Jahrzehnten ist er der Leiter des Observatoriums, so kann er wie kein zweiter über die geschichtliche Entwicklung des Sonnblick-Observatoriums und dessen Bedeutung für die meteorologische Wissenschaft berichten. Seine ausführlichen Darlegungen wurden von der Festversammlung mit lebhaftem Interesse aufgenommen und mit großem Beifall bedankt. Sie sind in diesem Jahresbericht als gesonderter Beitrag veröffentlicht.

Der Festakt wurde musikalisch bestens umrahmt von Vorträgen der Salzburger Bläser-Kammersolisten.

Den Abschluß der Veranstaltung bildete der Empfang der Landesregierung Salzburg und Marktgemeinde Rauris in den schönen Räumen des Rauriser Hofes.

Der für Sonntag, den 20. September, vorgesehene Aufstieg zum Sonnblick-Observatorium mußte wegen zu hoher Schneelage und akuter Lawinengefahr unterbleiben. Die unfreundliche Witterung verhinderte sogar geplante Hubschrauberflüge rund um das Sonnblickmassiv bzw. eine Landung auf dem Gipfel. Einige Teilnehmer fuhren nach Kolm-Saigurn, besichtigten dort Reste des Goldbergbaues sowie die Anlage der Seilbahn-Talstation oder begnügten sich mit einem gemütlichen Beisammensein in den Kolmer Gaststätten.

Die Jubiläumsfeier des Sonnblick-Observatoriums hat trotz der ungünstigen Witterung bei jedem der zahlreichen Teilnehmer einen nachhaltigen, schönen Eindruck hinterlassen. Der Erfolg ist allerdings nur dem Zusammenwirken aller daran Beteiligten zu verdanken. Der Sonnblick-Verein dankt hier in erster Linie der Zentralanstalt für Meteorologie und Geodynamik und der Österreichischen Gesellschaft für Meteorologie als Mitveranstalter für tatkräftige Unterstützung. Er dankt aber auch der ganzen Marktgemeinde Rauris für ihre beachtliche finanzielle und organisatorische Leistung sowie für die gemeinsam mit der Heimatgruppe Rauris durchgeführten Darbietungen beim Festzug und beim Heimatabend, den Schuldirektoren für die Überlassung des geräumigen Turnsaals, schließlich dem rührigen Reisebüro D. Granegger, das die vielfältigen Wünsche der Teilnehmer in rascher und zuvorkommender Weise erfüllte.

Die geschichtliche Entwicklung des Sonnblick-Observatoriums und seine Bedeutung für die meteorologische Wissenschaft [1]

Von Ferdinand Steinhauser, Wien

Wir sind heute hier zusammengekommen, um das 90jährige Jubiläum des Sonnblick-Observatoriums zu feiern. 90 Jahre erscheint vielleicht für eine Jubiläumsfeier eines Instituts eine etwas ungewöhnliche Zahl zu sein. In unserem Fall hat diese Feier aber doch eine volle Berechtigung, da es sich bei der jubilierenden Institution um eine wissenschaftliche Einrichtung handelt, die in der ganzen Welt einzigartig dasteht. Das Sonnblick-Observatorium ist nämlich die meteorologische Gipfelstation in dieser Höhenlage, die die längste geschlossene und homogene Beobachtungsreihe der meteorologischen Elemente aus einer Höhe über 3000 m aufweist.

Um die mit der Gründung dieses Observatoriums und mit seiner Erhaltung bis in unsere Zeit vollbrachten Leistungen richtig würdigen zu können, sollten wir uns heute vor allem auch die Verhältnisse zur Zeit der Erbauung dieses Observatoriums in Erinnerung rufen. Die meteorologische Wissenschaft war damals noch vorwiegend auf Beobachtungen aus Orten in der Niederung angewiesen, und es gab nur wenige Bergstationen aus meist nur mäßig großen Höhenlagen. Da sich aber die für das Wettergeschehen maßgebenden Prozesse vorwiegend in der freien Atmosphäre abspielen, war der Wunsch nach Beobachtungen aus großen Höhen begreiflich und seine Erfüllung dringend. Es hatte daher auf den Antrag des Altmeisters der österreichischen Meteorologie, Julius Hann, der im Jahre 1879 in Rom tagende zweite Internationale Meteorologen-Kongreß eine Resolution beschlossen, die die Errichtung vollständig ausgerüsteter Observatorien auf dominierenden Berggipfeln und die Veröffentlichung ihrer Beobachtungen forderte. Die daraufhin einsetzende Agitation für die Erfüllung dieser Forderung hat in Österreich auch zur Errichtung unseres Sonnblick-Observatoriums geführt.

Ein einfacher, ärmlichen Verhältnissen entstammender Sohn des Rauriser Tales, der es aber durch seine Tatkraft und Intelligenz bereits vom Wagenschieber im Stollen des Goldbergbaues bis zum Besitz dieses allerdings nur wenig ertragreichen Bergwerkes im Rauriser Goldberg gebracht hatte, Ignaz Rojacher, hat schon im Herbst 1884 angeboten, beim Knappenhaus in 2430 m Höhe eine meteorologische Station zu errichten, wozu ihm die Wiener Zentralanstalt für Meteorologie auch Instrumente für eine Station dritter Ordnung zur Verfügung gestellt hat. Bei Gesprächen mit dem damaligen Bezirkshauptmann von Zell am See erhielt Rojacher die Anregung, bei seinem Bergbau auch eine Hochgebirgs-Gipfelstation zu errichten, und machte sich trotz einer durch einen Unfall verursachten schweren körperlichen Schädigung auf, noch im Winter auf Schneereifen die einzelnen Gipfel des Sonnblick-Gebietes zu besteigen, um ihre Eignung für

---

[1] Festvortrag zur 90-Jahr-Feier des Sonnblick-Observatoriums am 18. September 1976 in Rauris.

die Errichtung einer meteorologischen Station zu untersuchen. Er kam dabei zur Feststellung, daß nur der auch im Winter nicht vereiste Sonnblick-Gipfel dafür in Betracht gezogen werden kann.

Schon im Februar 1885 legte Rojacher in einem Brief an Prof. Hann einen bis in Einzelheiten ausgearbeiteten Plan zur Errichtung einer meteorologischen Station auf dem Sonnblick-Gipfel vor. Da die Zentralanstalt für Meteorologie nicht über die erforderlichen Mittel verfügte, übernahm die Meteorologische Gesellschaft und der Deutsche und Österreichische Alpenverein die Verwirklichung dieses Planes. Der Alpenverein sollte für den Bau eines Holzhauses und die Meteorologische Gesellschaft für den Bau der Fundamente und eines gemauerten Turmes für den Windmesser, für die instrumentellen Einrichtungen und für eine Telefonleitung bis Rauris aufkommen. Die Meteorologische Gesellschaft hat dazu durch Propagandavorträge und durch Sammlungen die erforderlichen Mittel aufgebracht, und Rojacher stellte für den Bau die Einrichtungen seines Bergwerkes und seine Knappen zur Verfügung. So entstand das Sonnblick-Observatorium als Musterbeispiel einer Zusammenarbeit verschiedener hilfsbereiter Institutionen und mit Unterstützung von staatlichen Stellen, von Organisationen des In- und Auslandes und von Beiträgen zahlreicher Persönlichkeiten. Im Laufe der folgenden Jahrzehnte sind für das Observatorium noch mehrmals Krisenzeiten gekommen, deren Überwindung ebenfalls wieder nur durch das Zusammenwirken hilfsbereiter Stellen und Persönlichkeiten möglich war.

Der Bau des Observatoriums hätte noch 1885 fertiggestellt werden können, wenn nicht die staatliche Verwaltung Anspruch auf Eigentumsrechte auf den Sonnblick-Gipfel geltend gemacht hätte und bis zur Klärung dieser Angelegenheit die Jahreszeit bereits zu weit fortgeschritten gewesen wäre. Im folgenden Jahr verzögerte zunächst Schlechtwetter den Beginn des Baues; dieser konnte aber dann in unglaublich kurzer Zeit doch so weit fertiggestellt werden, daß bereits am 2. September 1886 in Anwesenheit von 80 Festgästen die Eröffnung des Hauses vorgenommen werden konnte.

Nicht nur die beim Bau des Hauses beschäftigten Arbeiter und Träger mußten unter dem Einfluß von Kälte und Witterungsunbilden Unglaubliches erdulden, sondern auch für den ersten Beobachter bedeutete die erstmalige Überwinterung in der Einsamkeit des Hochgebirgsgipfels, wofür noch keine Erfahrungen zur Verfügung standen, eine starke Anforderung an seinen Wagemut und seinen Idealismus, zumal in der Öffentlichkeit damals Ansichten über die Schwierigkeiten und Gefahren des Lebens im Hochgebirge verbreitet waren, die uns heute natürlich völlig fremd sind. Selbst im Tal war man der Meinung, daß das Haus dem Sturmwind nicht standhalten wird und daß es im Sommer durch Blitzschlag zerstört werden würde. Angeregt durch die Propagandatätigkeit für das Sonnblick-Observatorium, hat sich natürlich auch die Tagespresse mit dieser Angelegenheit beschäftigt und nicht immer aufmunternd. So wird z. B. in der Wiener Allgemeinen Zeitung vom 11. Mai 1886, also noch vor der Eröffnung des Observatoriums, in einer Betrachtung über die psychischen Wirkungen des einsamen Aufenthaltes auf dem Observatorium dargelegt, daß in der großen Einsamkeit und Eintönigkeit da oben der Beobachter alle Mitteilsamkeit und Zungenfertigkeit verlieren wird und schließlich sogar zum Wahnsinn gebracht werden kann, wenn ihm nicht durch die Ermöglichung der Gründung einer Familie Abhilfe gebracht würde. Nun, die Beobachter haben gezeigt, daß diese Gefahren nicht bestehen.

Um den Beobachtern aber auch damals schon eine zerstreuende Beschäftigung für ihre Einsamkeit zu verschaffen, hat ihnen die Meteorologische Gesellschaft eine vollständige Einrichtung für Laubsägearbeiten und für photographische Arbeiten gegeben.

Heute sind die Verhältnisse in dieser Hinsicht natürlich wesentlich besser; es gibt Abwechslungsmöglichkeiten durch Rundfunk und Fernsehen und durch zahlreiche Touristenbesuche. Trotzdem stellt aber auch heute noch der ständige Aufenthalt auf dem Hochgebirgsgipfel große Anforderungen an die Beobachter.

Nach der Einstellung des Bergbaues im Jahre 1889 wurde auch ein zweiter Beobachter angestellt. Beide waren nun, da auch Kolm-Saigurn verlassen war, im Winter aber tatsächlich ganz allein auf dem einsamen Gipfel.

Der Betrieb des Observatoriums, die Aufrechterhaltung der Telefonleitung und die Behebung verschiedener immer wieder auftretender Schäden erforderten immer mehr Geldmittel, als der Meteorologischen Gesellschaft trotz Unterstützung vom Staat, vom Alpenverein und von anderen Institutionen zur Verfügung standen. Die Schwierigkeiten wurden aber besonders nach Einstellung des Bergbaues groß, vor allem weil dadurch die Hilfeleistungen durch die technischen Einrichtungen für den Transport wegfielen und damit besonders die Kosten für die Beschaffung des Heizmaterials stark angestiegen waren. Um die Gefahr der Einstellung des Betriebes des Observatoriums abzuwehren, wurde auf Anregung des Vorstandes der Meteorologischen Gesellschaft 1892 der Sonnblick-Verein gegründet, der durch Werbetätigkeit auf breiterer Basis die nötigen Geldmittel beschaffen und damit für die weitere Erhaltung des Observatoriums sorgen sollte, welche Aufgabe er auch dank der Hilfsbereitschaft weiter Kreise wirklich erfüllen konnte. Damit war die Weiterführung des Betriebes des Observatoriums wieder gerettet.

Neue Schwierigkeiten brachte der erste Weltkrieg. Es gelang kaum, die Verpflegung für die Beobachter aufzutreiben, und auch die Störungen der Telefonleitung waren nur schwer zu beheben. Nur der aufopfernden Tätigkeit des damaligen Beobachters Mayacher, der unter größten Entbehrungen noch bis zum Jahre 1916 auf dem Sonnblick ausgehalten hat, ist die lückenlose Fortführung der Beobachtungen zu danken. Als Ersatz wurde vom Militär ein Beobachter auf den Sonnblick kommandiert, und das Militär übernahm auch die Vorsorge für die Verpflegung und für die Instandsetzung der Telefonleitung. Als nach dem Umsturz im November 1918 die damaligen Beobachter das Observatorium verließen, ging wieder der bewährte Mayacher auf den Sonnblick und führte dort, oft unter Kälte und Hunger leidend, mit größten Schwierigkeiten die Beobachtungen weiter und rettete so den Fortbestand des Observatoriums und die Kontinuität der Beobachtungsreihe.

In den ersten Nachkriegsjahren wurden die Schwierigkeiten immer wieder größer. Prof. Exner versuchte, durch eine Meteorologentagung vom 11. bis 16. Oktober 1923 auf dem Sonnblick das Interesse der ausländischen meteorologischen Dienste an der Erhaltung des Observatoriums zu wecken und ihre Hilfeleistung zu gewinnen. Die andauernde Geldentwertung führte aber dazu, daß viele Subventionen ausblieben und andererseits die Kosten insbesondere für die Besorgung von Heizmaterial und für die Erhaltung der Telefonleitung immer größer wurden, so daß wieder die Fortführung des Observatoriumsbetriebes in größte Gefahr kam. Die Rettung brachte erst ein 1926 durch Verhandlungen von Prof. Exner mit der Kaiser-Wilhelm-Gesellschaft, der Akademie der Wissenschaften in Wien und dem Österreichischen Unterrichtsministerium erreichtes Abkommen, wonach die rechtliche Verantwortung für die Erhaltung und den Betrieb des Observatoriums dem Sonnblick-Verein übertragen wurde, das Haus und die Vorsorge für Heizmaterial die Sektion Halle des Deutschen Alpenvereines übernommen hat und das Unterrichtsministerium und die Kaiser-Wilhelm-Gesellschaft sich zur Beistellung des Hauptteiles der Auslagen für den Betrieb und die Erhaltung des Observatoriums verpflichtet haben. Damit war die Fortführung des Observatoriums wieder gesichert.

Eine grundsätzliche Änderung trat wieder mit Beginn des zweiten Weltkrieges ein. Der Beobachtungs- und Meldedienst wurde für Zwecke der Flugsicherung erweitert. Die Beobachterzahl wurde auf drei erhöht, wovon einer im Dienste des Sonnblick-Vereins verblieb und die anderen von der Wehrmacht beigestellt wurden, die auch die Versorgung mit Lebensmitteln und Brennmaterial übernommen hat.

Die größten Schwierigkeiten kamen nach dem Ende des zweiten Weltkrieges, als der wichtigste Förderer und Geldgeber, die Kaiser-Wilhelm-Gesellschaft, ausfiel, der Alpenverein die Lieferung von Heizmaterial nicht wieder aufnahm und auch die Versorgung des Observatoriums durch Transportschwierigkeiten und Mangel an Materialien und Lebensmitteln nicht mehr aufrechterhalten werden konnte. Zunächst ermöglichte aber die Hilfe der amerikanischen Besatzungsmacht die Weiterführung des Observatoriums durch Versorgungsflüge mit Brennmaterial und Lebensmitteln.

Schon in der Vorkriegszeit war klar geworden, daß das dringendste Problem für eine dauernde Erhaltung des Observatoriums eine Lösung des Transportproblems ist, und es war auch bereits ein Plan für die Errichtung einer Material-Seilbahn ausgearbeitet worden, der aber aus finanziellen Gründen nicht verwirklicht werden konnte. Als nach dem Kriege aber ohne Lösung des Transportproblems die Weiterführung des Observatoriums nicht mehr möglich gewesen wäre, hat der Meteorologe Dr. Mesal, der nun in den Dienst der Bezirkshauptmannschaft Zell am See getreten war, das Projekt wieder aufgegriffen und erreicht, daß 1947 eine provisorische Materialseilbahn fertiggestellt werden konnte, deren Betrieb aber zufolge von Unwetterschäden 1949 wieder eingestellt werden mußte.

Die Aufbringung der ersten Mittel für einen definitiven Seilbahnbau verdanken wir dem Idealismus des Wiener Lehrers Edmund Bendl und des Direktors Franz Stockhammer, die durch eine rege Werbetätigkeit die Wiener Schulkinder zu einer Spenden-Sammlungstätigkeit anregten. Die damit aufgebrachten Mittel wurden durch Spenden großer Industriebetriebe und anderer Unternehmungen vermehrt und ermöglichten 1952 den Beginn des Baues einer Seilbahn, die 1953 den Betrieb aufnehmen konnte. Beim Bau leisteten auch die Tauernkraftwerke wertvolle Dienste. Die nach Fertigstellung des Baues aufgelaufenen Schulden konnten durch Subventionen des Bundesministeriums für Unterricht, der Österreichischen Akademie der Wissenschaften, des Industriellenverbandes, der Verbundgesellschaft, der Banken-Vereinigung und anderer Spender getilgt werden. Zur Behebung verschiedener witterungsbedingter Schäden haben wieder die Tauernkraftwerke sowie das Bundesheer und der Flugrettungsdienst des Bundesministeriums für Inneres durch Hubschraubereinsätze wiederholt wertvolle Hilfe geleistet. Für die später erwirkte Genehmigung der Benutzung der Seilbahn für den Werksverkehr mußten verschiedene Umbauten vorgenommen und ein Benzin- und Dieseltanklager bei der Talstation errichtet werden. Die Kosten dafür konnten dankenswerterweise wieder durch Subventionen von Bundes- und Landesstellen und verschiedenen Industrieunternehmungen und Verbänden sowie von der Akademie der Wissenschaften aufgebracht werden.

Für den Weiterbestand des Observatoriums war es auch entscheidend, daß der Staat die Kosten für die Bezahlung der drei Beobachter übernommen hat.

Da die sehr häufig auftretenden Schäden an der Telefonleitung nicht nur für ihre Ausbesserung große Kosten, sondern auch Unterbrechungen der Übermittlung der Wettermeldungen verursacht haben, ist es auch notwendig geworden, für eine dauernde Regelung der Nachrichtenübermittlung Vorsorge zu treffen. Im zweiten Weltkrieg wurden bereits vom Militär UKW-Fernsprechgeräte zur Nachrichtenübermittlung eingesetzt, die auch in der Nachkriegszeit zum Teil Verwendung gefunden haben. Eine wirkliche Lösung der Nachrichtenübermittlung brachte aber erst die im Jahre 1958 mit Mitteln des Bundesministeriums für Unterricht eingerichtete UKW-Fernsprechanlage mit Wählbetrieb. Zur weiteren Verhinderung von Schäden und zur Sicherung des Observatoriums mußte im Jahre 1957 auch eine neue Blitzschutzanlage installiert werden.

Die beengten Raumverhältnisse konnten dadurch verbessert werden, daß durch einen zusätzlichen Vertrag mit dem Alpenverein zwei über dem Observatorium gelegene Räume in Verwendung genommen werden konnten. Trotzdem erfüllen aber die dem Observatorium zur Verfügung stehenden Räume nicht mehr den Zweck, Arbeits- und Wohnstätte für die Beobachter zu sein und gleichzeitig auch noch Forschern eine Aufenthaltsmöglichkeit für wissenschaftliche Untersuchungen zu geben. Der Bauzustand der Räume des Observatoriums machte es auch bereits notwendig, in den letzten Jahren umfangreiche Verbesserungsarbeiten vorzunehmen. Es mußte daher auch schon ein Plan für einen dringend notwendig gewordenen Erweiterungsbau entworfen werden, der auch mit der Landesregierung in Salzburg und mit dem Bundesministerium für Wissenschaft und Forschung besprochen worden ist. Experten dieser Behörden haben sich auch an Ort und Stelle von der Notwendigkeit einer grundlegenden Verbesserung der räumlichen Wohn- und Arbeitsbedingungen überzeugt, und Frau Bundesminister Dr. Hertha Firnberg hat gelegentlich der Jubiläumsfeier der Meteorologischen Weltorganisation versprochen, sich für die Ermöglichung des geplanten Ausbaus einzusetzen.

Was nun die Bedeutung des Sonnblick-Observatoriums für die Meteorologie betrifft, so ist der unschätzbare Wert der Wettermeldungen zu allen Beobachtungsterminen tagsüber vom Hauptkamm der Alpen für den Wettervorhersagedienst ohne Zweifel, wie auch der Wert der laufenden Terminbeobachtungen und Registrierungen in ihrer Bedeutung für den Klimadienst. Mit diesen Meldungen übertrifft ein Hochgebirgsobservatorium auch heute noch weitaus die nur stichprobenartigen Beobachtungen von Radiosonden, die natürlich wieder in anderer Hinsicht, nämlich durch die Erstreckung der Beobachtungslinie vom Boden bis in große Höhen, eine wesentliche Ergänzung für das meteorologische Beobachtungssystem bilden.

Die Beobachtungen des Sonnblick-Observatoriums brachten auch wichtige Grundlagen für Untersuchungen von Problemen der allgemeinen Meteorologie und der theoretischen Meteorologie, die auf Kenntnisse von Daten aus höheren Luftschichten angewiesen sind.

Dazu gehören die Untersuchungen Hanns über die Bedeutung der Luftdruck- und Temperaturverhältnisse auf dem Sonnblick für die Theorie der Zyklonen und Antizyklonen, die Arbeiten von Hanzlik über die räumliche Verteilung der meteorologischen Elemente in Zyklonen und Antizyklonen, die grundlegende Arbeit Fickers über Beziehungen zwischen Änderungen des Luftdrucks und der Temperatur in den unteren Schichten der Troposphäre, Untersuchungen Traberts über das Zustandekommen des Tagesganges der Temperatur und des Sonnenscheins auf dem Sonnblick, die von Hann bearbeitete Ableitung des Temperaturganges der oberen Luftschichten der freien Atmosphäre aus Temperaturbeobachtungen der Höhenstationen und seine Untersuchung der Übertragbarkeit der Sonnblick-Beobachtungen auf die Verhältnisse in der freien Atmosphäre, Untersuchungen von Pernter und Hann über die Windverhältnisse auf dem Sonnblick und periodische Änderungen der Windrichtung und der Windstärke, die Untersuchung des Transportes kalter Luftmassen über dem Hauptkamm der Alpen von Ficker und andere.

Die lange Beobachtungsreihe vom Sonnblick-Observatorium ermöglichte auch Untersuchungen über Klimaschwankungen in der freien Atmosphäre und über Zusammenhänge zwischen Änderungen der meteorologischen Elemente und den Gletscherschwankungen.

Eine wichtige Funktion erfüllte das Sonnblick-Observatorium auch als unmittelbare Forschungsstätte für zahlreiche Wissenschaftler des In- und Auslandes, denen für ihren Aufenthalt das sogenannte „Gelehrtenzimmer" im Observatorium zur Verfügung stand.

Elster und Geitel stellten verschiedene luftelektrische Beobachtungen auf dem Sonnblick an und berichteten auch über Beobachtungen des Elmsfeuers. Mit dem Elmsfeuer beschäftigte sich auch Obermayer. Trabert berichtete über das „Knistern" im Telefon auf dem Sonnblick, womit es sich wahrscheinlich um die ersten Beobachtungen der in neuerer Zeit vielfach untersuchten sogenannten „Whistler" handelte. Weitere luftelektrische Untersuchungen stellten auch Exner und Conrad an; letzterer berichtete auch über den Zusammenhang der luftelektrischen Zerstreuung auf dem Sonnblick mit den meteorologischen Elementen. Messungen der Ausstrahlung wurden von Pernter und Messungen der Sonnenstrahlung von Exner bereits Ende des vorigen Jahrhunderts auf dem Sonnblick durchgeführt. Von Elster und Geitel wurden auch Beobachtungen der Absorption der Ultraviolettstrahlung in der Atmosphäre angestellt. V. Conrad bestimmte den Wassergehalt der Wolken, und A. Wagner untersuchte die Wolkenelemente auf dem Sonnblick. Alle diese Beobachtungen lieferten damals erstmalige Ergebnisse aus den Höhenlagen über 3000 m.

Über die ganze Zeit des Bestehens des Sonnblick-Observatoriums erstrecken sich Untersuchungen und Beobachtungen der Gletscher und ihrer Änderungen, die von Penck, Machatschek, Kinzl, Lichtenecker und Tollner durchgeführt wurden. A. Defant machte Schneedichtebestimmungen in verschiedenen Tiefen. Da die Niederschlagsbeobachtungen mit gewöhnlichen Ombrometern nicht befriedigende Ergebnisse brachten, wurde vom Sonnblick-Verein am Gebirgsstock des Sonnblicks ein Netz von Totalisatoren und von Schneepegeln eingerichtet, an denen die Beobachtungen jeweils am Monatsende durchgeführt werden und von denen nun zum Teil bereits über 40jährige Beobachtungsergebnisse vorliegen, die nach meiner Bearbeitung wesentlich höhere Niederschlagswerte als die Ombrometerbeobachtungen lieferten und außerdem die Bestimmung der Höhenabhängigkeit des Niederschlags in den Hohen Tauern ermöglichten.

Steinmaurer und Priebsch führten Registrierungen der kosmischen Strahlung auf dem Sonnblick durch, J. Fuchs untersuchte die Sende- und Empfangsverhältnisse für drahtlose Telegraphie auf dem Sonnblick und gemeinsam mit J. Scholz die luftelektrischen Phänomene und die atmosphärischen Störgeräusche der Radiotelegraphie.

F. Albrecht und H. Köhler nahmen Wolkenuntersuchungen und Rauhreifuntersuchungen auf dem Sonnblick vor. Bereits vor ungefähr 45 Jahren hat H. Cauer Messungen des Jodgehaltes der Luft und haben F. Lauscher und K. Schwarz Bestimmungen des Chlorgehaltes des Nebelfrostes auf dem Sonnblick durchgeführt. F. Löhle hat Studien der Sichtverhältnisse und der Sichtmessung vorgenommen.

Seit den dreißiger Jahren wurden zahlreiche Untersuchungen der verschiedenen Strahlungskomponenten, der Strahlungsbilanz und der Albedo der Gletscher angestellt, an denen vor allem F. Lauscher, F. Sauberer, Inge Dirmhirn und W. Mahringer beteiligt waren. Im Rahmen der Beteiligung Österreichs am internationalen geophysikalischen Jahr wurde 1957 auf dem Sonnblick südlich vor dem Zittelhaus ein Stahlgerüstturm errichtet, auf dessen Plattform die verschiedenen Strahlungsinstrumente und der Sonnenscheinautograph montiert sind, die nun ungestörte Registrierungen ermöglichen.

Durch Pilotierungen auf dem Sonnblick-Gipfel und in den Tälern nördlich und südlich vom Sonnblick wurde die Entwicklung der Luftströmungen zu beiden Seiten des Tauernhauptkammes untersucht.

F. Lauscher hat in jüngster Zeit eingehende Studien über den Auf- und Abbau der Schneedecke in Abhängigkeit von der Wetterlage, eine Analyse der Regenfälle auf dem Sonnblick und Untersuchungen der Verdunstungsverhältnisse auf dem Sonnblick angestellt. W. Mahringer hat Untersuchungen und Registrierungen der Temperatur in der Schneedecke und auf nacktem Fels am Sonnblick durchgeführt. Auf den Sonnblick-Gletschern wurden im Rahmen der Beteiligung Österreichs am Forschungsprogramm der internationalen hydrologischen Dekade auch refraktionsseismische Eisdickenmessungen durchgeführt, wozu das Observatorium als Stützpunkt diente. Derzeit sind auch Untersuchungen des Wärmehaushalts auf den Gletschern im Gange.

Über die Ergebnisse der neueren Untersuchungen hat bereits O. Eckel ausführlich berichtet. Das gesamte Beobachtungsmaterial des Sonnblick-Observatoriums ist in zahlreichen Einzelveröffentlichungen klimatologisch bearbeitet worden, und die Ergebnisse der ersten 50 Jahre der Beobachtungen sind in meiner „Meteorologie des Sonnblick" veröffentlicht worden. Statistische Übersichten über die weiteren Beobachtungen sind in einer Klimatabelle für 1901—1950 im 49.—50. Jahresbericht des Sonnblick-Vereins und in einer Klimatabelle für 1941—1970 im 68.—69. Jahresbericht des Sonnblick-Vereins publiziert.

Diese Aufzählung von auf dem Sonnblick durchgeführten Untersuchungen und Bearbeitungen der Beobachtungsergebnisse, die natürlich nicht vollständig sein können, zeigt die Vielfältigkeit der bisher auf dem Observatorium geleisteten Arbeiten, die neue Ergebnisse für alle Zweige der meteorologischen Wissenschaft gebracht haben. Im besonderen sei aber auch noch darauf hingewiesen, daß mit den klimatologischen Ergebnissen der Beobachtungen einmalige Grundlagen für die Aufgaben der angewandten Meteorologie zur Beistellung von klimatologischen und meteorologischen Daten für alle Planungen im Hochgebirge der Alpen wie für die Wasserwirtschaft, für den Hochgebirgsstraßenbau, für den Wintersport, für den Fremdenverkehr und für andere Interessenten an meteorologischen Ergebnissen erbracht worden sind.

Rückblickend auf die Schwierigkeiten, die im Laufe der letzten 90 Jahre des Bestandes des Sonnblick-Observatoriums aufgetreten sind und überwunden werden mußten, und in Bewertung der wissenschaftlichen Erfolge, die das Observatorium gebracht hat, müssen wir allen dankbar sein, die dabei mitgeholfen haben, die Arbeitsfähigkeit des Observatoriums bis heute zu erhalten und über alle Schwierigkeiten hinwegzukommen.

Wir gedenken in Dankbarkeit in erster Linie der heroischen Leistung des Erbauers des Observatoriums und seiner Arbeiter, der Beobachter, die oft unter schwierigsten Umständen und Entbehrungen ihre Pflicht erfüllen mußten, der Opfer an Menschenleben, die die Arbeit am Observatorium leider auch gefordert hat, und der Präsidenten des Sonnblick-Vereins, die nicht nur für den geordneten Betrieb und für die Leitung der Planung der Arbeiten auf dem Observatorium sorgen mußten, sondern auch vor allem die Hauptlast der Überwindung der zu ihren Zeiten aufgetretenen, die Fortführung des Observatoriums bedrohenden Schwierigkeiten zu tragen hatten. Es ist vielleicht angebracht, die bisherigen Präsidenten hier namentlich anzuführen. Es waren dies:

Generalmajor Albert von Obermayer	von 1892 bis 1915
Technischer Rat Otto Krifka	von 1919 bis 1920
Prof. Dr. Wilhelm Schmidt	von 1920 bis 1927
Prof. Dr. Felix Maria Exner	von 1927 bis 1929
Prof. Dr. Richard Wettstein	von 1929 bis 1931
Prof. Dr. Arnold Durig	von 1931 bis 1938
Prof. Dr. Heinz Ficker	von 1939 bis 1950
Prof. Dr. Walter Schwarzacher	von 1950 bis 1958
Prof. Dr. Karl Oberparleiter	von 1959 bis 1968
Sektionschef Dr. Walter Sturminger	von 1969 bis 1973
Direktor Dr. Wilhelm Schwabl	seit 1974

Wir müssen heute aber auch allen amtlichen Stellen, der Österreichischen Akademie der Wissenschaften, allen wirtschaftlichen Unternehmungen und Verbänden, touristischen Organisationen und allen Persönlichkeiten herzlich danken, die durch ihre Subventionen und Unterstützungen dazu beigetragen haben, daß unser Sonnblick-Observatorium unter oft äußerst schwierigen Verhältnissen bis heute erhalten werden konnte, und hoffen auch für die weitere Zukunft auf ihre Unterstützung.

Aus dem Reisebericht Ernst von Wolzogens über die Eröffnung des Sonnblick-Observatoriums

Vorbemerkungen: Die Geschichte der Wetterwarte auf dem Sonnblick ist in Fachzeitschriften mehrfach beschrieben worden, z. B. in [1] bis [4]. Nunmehr erhielten wir durch freundliche Vermittlung des Herrn Regierungsdirektors Dipl.-Met. M. Schlegel aus der Bibliothek des Zentralamtes des Deutschen Wetterdienstes in Offenbach Photokopien eines elf Seiten langen Aufsatzes „Die höchste Wetterwarte Europas" aus der Feder des bekannten Schriftstellers Ernst von Wolzogen. Der Artikel ist mit acht Abbildungen illustriert, signiert von Hans F. Auszüge aus der überaus lebendigen Schilderung jener nun 90 Jahre zurückliegenden Tage der feierlichen Eröffnung des Observatoriums am 1. und 2. September 1886 dürften willkommen sein.

Der am 23. April 1855 in Breslau geborene Schriftsteller Freiherr Ernst von Wolzogen lebte 1886 in Berlin, später in München. Er war kein Alpinist, aber Liebhaber der Bergwelt und damals, im 32. Lebensjahr stehend, offenbar körperlich recht leistungsfähig, als er am 1. September 1886 mit dem Bergführer Stöckl-Lois von Böckstein aus eine mehrtägige Bergfahrt antrat, deren Endziel das Fuscher Tal sein sollte. Leicht konnte ihn der Bergführer bereden, den Weg über Kolm-Saigurn zu nehmen. Auch der Stöckl-Lois wollte ja nur zu gerne bei der Eröffnung des Sonnblick-Observatoriums am 2. September 1886 dabei sein. Bei herrlichstem Wetter wurde die Riffelscharte überquert und der großartige Anblick des Hohen Sonnblicks und seiner Umrahmung genossen ... und nun geben wir Ernst von Wolzogen selbst das Wort ... (F. L.)

* * *

„Von der Riffelscharte stürzt der Abhang jäh bis zur grünen Thalsohle hinab und durch das Geröll, das ihn bedeckt, haben die tosenden Wildwasser des Frühjahrs ihre Wegspuren gegraben, zahllose Lawinen haben auf ihrem Donnerlauf Felsstücke ansehnlicher Größe mitgeführt und in genialer Unordnung über die Bergwand verstreut. Es versteht sich, daß man nicht geradeswegs in die Tiefe steigt; das würde, wenn überhaupt ausführbar, eine unsinnige Kraftanstrengung sein. Der Pfad führt vielmehr an dem sanfteren Gehänge des hohen Goldbergs entlang, über Risse und Schrunden hinweg, in welchen noch ein wenig übereister Schnee den Strahlen der Hochsommersonne getrotzt hat, in mäßiger Steile nach dem Maschinenhause der Goldbergzeche.

Die ganze „Maschine" besteht übrigens nur aus einer riesigen Welle, welche durch einen wilden Gletscherbach in Umlauf gesetzt wird, der etwa 1000 m weiter unten als stattlicher Wasserfall ganz nahe dem Pochwerk ins Thal hinunterstürzt. Auf dieser Welle wickelt sich, so glatt wie das Garn bei der selbstthätigen Spulvorrichtung der neueren Nähmaschinen, ein 1400 m langes Drahtseil auf, welches auf einer hölzernen Schienenbahn die Erzkarren über nahezu senkrechte Felswände von Kolm-Saigurn heraufzieht und, mit dem wertvollen, Gold und Silber bergenden Gestein belastet, wieder herunter läßt. Bei der außerordentlichen Steile des Fußweges von Kolm nach dem Knappenhause gebraucht man, abgesehen von der Abnutzung der Kräfte, zwei Stunden für dieselbe Entfernung, welche der Erzkarren in etwa zwölf Minuten zurücklegt. Es ist daher nicht zu verwundern, daß nicht nur die Bergknappen regelmäßig den Aufzug benutzen, sondern daß auch die meisten Touristen ohne viel Besinnen diese abenteuerliche Fahrgelegenheit benutzen, deren tolldreiste Anlage kaum irgendwo auf Erden ihresgleichen finden dürfte." ...

„Herausfallen kann man nicht aus dem Karren — es kann einem höchstens schlimm werden; dann schließt man eben die Augen und beißt die Zähne aufeinander. Die einzige wirkliche Gefahr ist die, daß das Drahtseil reißen könnte. Dann ist's freilich vorbei, denn an irgend welche Hemmvorrichtung ist bei der stellenweisen Neigung der glatten Bahn bis zu einem Winkel von 55 Grad gar nicht zu denken." ... „Ich will noch hervorheben, daß das Seil im Laufe des letzten Jahrzehntes allerdings zweimal gerissen ist, aber immer nur, wenn die Karren mit Erz im Gewicht von zwölf Centnern belastet waren — wogegen das Gesamtgewicht der höchstens zu einer Fahrt zugelassenen vier Personen kaum jemals mehr als sechs Centner betragen dürfte. Die Fahrt ist demnach verschämten Selbstmördern kaum zu empfehlen, da die Wahrscheinlichkeit, ihren schönen Zweck zu erreichen, für sie doch zu gering ist." ... „Je zwei Personen legen sich oben im Maschinenhause flach auf den Boden des Karrens, stemmen sich mit den Füßen fest gegen die vordere Wand desselben, erfassen mit je einer Hand die über den Köpfen hinweggeführte eiserne Querstange und mit der freien den Nacken des Genossen oder die Seitenwände des Karrens. Zu Beginn der Fahrt hat man einen ähnlichen Spaß wie etwa beim Befahren einer russischen Rutschbahn, nur daß es nicht so schnell geht und daß man dabei nicht bequem sitzt. Natürlich ruhen die plumpen Erzkarren nicht auf Federn, und da überdies die Schienenbalken nicht allzu glatt eingefügt sind und das Drahtseil um so ärger schwankt, je mehr davon abläuft, so wird man durch das Holpern und Rucken einigermaßen stutzig gemacht." ... „Der Berghang bildet eine ganze Anzahl Stufen oder Terrassen von sehr ungleicher Ausdehnung sowohl in der Breite wie in der Höhe. Es ist ein ganz eigenes Gefühl, wenn der Karren nach unten umbiegt und dadurch der Körper aus der fast waagrechten in die mehr oder weniger senkrechte Lage gehoben wird. Bei jeder solchen Stufenkante befindet sich zwischen den Schienen eine hölzerne Welle, auf welcher, nachdem der Karren darüber hinweggegangen, das schwankende Seil einen Stützpunkt bis zur nächsten Kante findet. Die mitfahrenden zwei Führer oder Bergknappen stehen mit einem Fuß auf dem äußeren Rande, mit dem anderen im Boden des Karrens, mit dem Rücken nach der Thalseite. Sobald das Fahrzeug sich abwärts biegt, müssen sie sich, um das Gleichgewicht herzustellen, ganz vornüber beugen, so daß sie also nahezu bäuchlings in der Grätschstellung über dem Karren liegen, während der Fahrgast ungefähr aufrecht darin steht. Ein Herausfallen und Überschlagen nach vorn bei etwa eintretendem Schwindel ist dadurch ganz unmöglich gemacht und überdies verdecken die Leiber der Führer so sehr den Ausblick, daß man kaum schwindlich werden kann." ... „Zu beiden Seiten des letzten, allertiefsten Absturzes schäumen Wasserfälle über senkrechte Felswände in die Tiefe, zu unseren Füßen sehen wir den Rauch aus dem Schornstein des lockenden Gasthauses sich friedlich emporkräuseln — jetzt biegen wir wieder auf, rollen in beschleunigtem Tempo noch eine kurze Strecke eben dahin — da ertönt die elektrische Glocke, der Wagen steht, die Knappen helfen uns aus dem seltsamen Vehikel heraus und eine ganz ansehnliche Schar früher angekommener Gäste beglückwünscht uns herzlich zu dem ‚glücklichen Rutsch'.

Von allen Seiten sind sie herbeigeströmt, die Alpenfreunde, die Männer der Wissenschaft, die von der neugegründeten Station wichtigste Ergebnisse für den Fortschritt der Wetterkunde erwarten, die Vertreter zahlreicher Sektionen des deutsch-österreichischen Alpenvereins, der Austria, des österreichischen Touristenklubs. Jeder Erzkarren bringt zwei neue Gäste herunter, die aus verschiedenen Kärntner Thälern über die Zirknitz-, Tramer- und Goldzechscharte herübergestiegen sind, und noch weit mehr Fremde kommen durch das Rauristhal von der Station Taxenbach der Giselabahn den herrlichen Thalweg dahergewandert. Auch an Damen, welche die festliche Bergfahrt morgen tapfer mitmachen wollen, fehlt es nicht." ...

„Auch der Leiter der morgigen Feier, der zweite Präsident des deutsch-österreichischen Alpenvereins, Regierungsrat Pfaff aus München, war bereits eingetroffen, sowie auch einige Genossen von der Feder.

Und zwischen den zahlreichen Fremden bewegt sich in stets diensteifriger Eile, hier mit herzlichem Händedruck willkommen heißend, dort freundliche Auskunft einer ganzen Schar ihn umringender Frager erteilend, der vielgepriesene und vielgeehrte Herr Rojacher, der Wirt des gastfreien Hauses, der Eigentümer des Goldbergwerks, der eigentliche Erbauer des Sonnblickhauses — mit einem Wort, der Held des Tages.

Dieser Mann ist durch und durch, äußerlich wie innerlich, ein Original. Zu der kleinen untersetzten Gestalt in der landesbräuchlichen Bergtracht nimmt sich der bis auf die Schulter herabwallende, wirre schwarze Haarwust und der dichte, ebenso dunkle Vollbart höchst seltsam aus. Zudem bekunden die freundlich blitzenden Augen und das geschmeidighurtige Wesen, daß unser Rojacher durchaus nicht der grimmige Waldmensch ist, den man beim ersten Anblick in ihm vermuten möchte. Seiner Herkunft, seiner Rede und seinen Gewohnheiten nach ein schlichter Älpler, hat dieser Mann mit seinem regen Geist und in rastlosem Wissens- und Arbeitstrieb sich eine Fülle von Kenntnissen gesammelt und sich einen Wirkungskreis geschaffen, der ihn zu einem kleinen König in seinem Gletscherreiche macht." ...

„Herr Rojacher hat sich auch vielerlei Kenntnisse in den physikalischen Wissenschaften angeeignet. Er läßt von seinem tosenden Wildbach nicht nur das Pochwerk, sondern auch die Dynamomaschine treiben, welche ihm die Elektricität für seine Telephonleitung und — für die Glühlichtbeleuchtung seines Gasthauses liefert. Ja, es ist ein ganz wunderlicher Effekt, wenn" ... „so unvermutet das Edisonsche Glühlämpchen über der Abendtafel aufblitzt."

... es folgt die Schilderung eines Gewitters am Nachmittag des 1. September 1886 ...

„Nachher ward's wieder still und Herr Rojacher verkündigte uns für morgen das unzweifelhafteste Festwetter.

Um fünf Uhr in der Frühe des nächsten Tages stiegen die ersten beiden Festgäste in den Karren. Die Fahrordnung war am Abend vorher festgestellt worden. Ich, als Vertreter der Presse, war für einen der ersten Karren vorgemerkt. Trotzdem konnte ich aber noch der stillen Messe anwohnen, welche der würdige alte Pfarrer Pimpel aus Rauris hinter dem Hause celebrierte. Man hatte einen Tisch hinausgetragen und zu einem Altar herausgeputzt. Ein altes Schnitzwerk aus der Kapelle von Kolm-Saigurn befand sich in einem Glasschrein darauf, daneben brannten zwei Kerzen. Der alte Pfarrer im goldgestickten Meßgewande, sein Adjunkt in Violett und Weiß, die Chorknaben in Rot und Weiß, und ringsumher auf feuchtem Grase, entblößten Hauptes, stehend und knieend, mit andächtiger Hingebung der stummen Weihehandlung folgend, diese wetterharten Männer — lauter bekannte Figuren aus den Alpenbildern der Münchener Schule, Defreggers, Matthias Schmidts usw.

Unmittelbar nach Beendigung der Messe ging mein Karren ab, und ich hatte die

Ehre, die tolle Fahrt mit dem Präsidenten, Regierungsrat Pfaff, zusammen zu machen. Vom Maschinenhause hatten wir noch etwa 20 Minuten über eine steinige Halde zum Knappenhause zu steigen." ... „Wir machten nun zunächst Gletschertoilette, indem wir uns Gesicht und Hände mit Vaseline einrieben, die blauen Schneebrillen aufsetzten und uns samt unseren beiden Führern das Seil um den Leib schlangen. Unmittelbar hinter dem Knappenhause fangen die Schneefelder an. Zunächst ging es in gerader Linie an dem mäßig steilen Abhange des Goldberggletschers recht bequem fort. Der Schnee war hier im Schatten der Bergwand noch leidlich hart und wir konnten, ohne tief einzusinken, vergnüglich hinspazieren. Als wir aber auf den eigentlichen Sonnblickgletscher kamen, auf welchen die helle Morgensonne schon seit einigen Stunden geschienen hatte, wurde das Marschieren etwas beschwerlicher, da wir in dem weichen Schnee oft bis an die Knie einsanken. Wenn man mit dem Bergstock tiefer hineinstieß, sprudelte sofort das klare Wasser herauf und wurde zu einer Quelle, welche sich alsbald munter plätschernd einen Weg zu Thale durch den schmelzenden Schnee furchte. Oft wateten wir so ganze Strecken bis an die Knöchel im Wasser. Beschwerlich waren jedoch trotzdem nur die Strecken zu nennen, wo die hochaufgetürmten Felsgeröllmassen einer Moräne überstiegen werden mußten, oder wo der Gletscher so steil wurde, daß man die Fußspitzen kräftig in den Schnee hineinschlagen mußte, um eine feste Stufe zu gewinnen. Doch ersparte uns die Weichheit des Schnees das anstrengende und zeitraubende Stufenhauen vermittels der Beilpicke, wie es bei Vereisung des Gletschers angewendet wird."

„Nach zweiundeinhalb bis dreistündigem Marsch erreichten wir gegen elf Uhr das neue, gastliche Haus auf der felsigen Spitze des Sonnblicks. Es ist ein niedriger, ziemlich langgestreckter Bau von geringer Tiefe, über dessen Dach links der Lugausturm mit dem Windmesser hervorragt. Das Gebäude ist aus dem vorhandenen Gestein mit möglichster Festigkeit aufgemauert. Es enthält in seinem Inneren vier Räume. Auf der Turmseite das Holzgelaß, in der Mitte die Räume zur Aufnahme des Wintervorrats, sowie die Kochstube, und rechts das Wohnzimmer des Wetterwärters, dessen Wände außen noch zum besonderen Schutz gegen die Kälte mit Holzschindeln verkleidet sind und welches innen recht behaglich und sogar ‚stilvoll' mit eichenem Schreib- und Eßtisch eingerichtet ist. Aber die Vorstellung, hier oben den langen, oft ganze neun Monate dauernden Winter über auszuharren, mutterseelenallein, von allem menschlichen Verkehre abgeschnitten, nur durch die schnarrende Metallzunge des Fernsprechers an das Vorhandensein lebendiger Menschen tausende Meter tief unten gemahnt, nichts sonst zu vernehmen als hin und wieder der ferne Donner einer Lawine, als das Pfeifen des Sturmes um das Haus, das Heulen im Schlot, das Bersten der Scheiter und das zitternde Dröhnen der Flammen im Ofen! Nichts zu sehen als nur Schnee, Schnee ringsum bis in die oceangleiche Unendlichkeit — aber ohne die Aussicht des mutigen Schiffers, einmal doch einen freundlich grünenden Strand zu erreichen. Der mangelnden Bewegung und des sicherlich recht einförmigen Speisezettels gar nicht einmal zu gedenken. Wer von uns möchte selbst für den reichsten Lohn oder bei allerstilvollster Einrichtung sich zu solcher freiwilliger Gefangenschaft entschließen." ... „Ich sah den merkwürdigen Menschen, der sich für wenige hundert Gulden bereit erklärt hatte, im Interesse der Wissenschaft dieses eigenartige Winterquartier zu beziehen. Es war ein Bergknappe Rojachers, ein starker, sehr großer Mann, welcher heute, am 2. September 1886, seine Thätigkeit damit begann, daß er die zahlreichen Festgäste kellnergleich bediente. Der Tapfere sah nicht danach aus, als ob er seine lange Muße dazu benutzen wollte, Romane zu schreiben. Ich bin vielmehr davon überzeugt, daß sich seine Lektüre auf einige alte Kalender und Volksschriften, seine Schriftstellerei auf die tägliche Aufzeichnung der Angaben der meteorologischen Instrumente beschränken wird. Er wird also im wesentlichen neun Monate lang backen, kochen, essen und schlafen!

Nachdem wir uns von der Anstrengung des Steigens, denn die letzte Strecke war doch einigermaßen steil gewesen, erholt hatten, traten wir wieder hinaus, um die Aussicht zu genießen. Das Haus nimmt fast den ganzen abgeplatteten Raum der Bergspitze ein, so daß darum herum nur ein ziemlich schmaler Weg übrig bleibt, der sich jedoch an der linken Seite, wo heute noch Bretter, Balken und Gerüste herum standen und lagen, zu einer Fläche erweitert, auf welcher wohl an 20 Menschen bequem Platz haben dürften." ...

„Wer nur die ‚Salonberge' der deutschen Alpen bestiegen hat, wird sich kaum einen Begriff machen können von der überwältigenden Großartigkeit der Aussicht von solch einem Standort, wie die Sonnblicksspitze einer ist. Denn mit Ausnahme der Ostseite, von welcher man hinaufsteigt, und der Südseite stürzt der Berg überall nahezu lotrecht in furchtbare Tiefen hinab. Von dem nach Nordosten hinlaufenden Grat, über welchen sich die Stangen der Telephonleitung erheben, fällt eine gewaltige, glänzend weiße Schneewand senkrecht, an 100 m hoch, nach dem wild zerklüfteten Gletscherboden ab, nach Norden und Westen starrender Fels, nach Süden ein weites, von mächtigen Spalten durchfurchtes Schneefeld, das nach dem kleinen Fleißthal zu ziemlich steil abfällt. Und nun, westlich, gleichsam noch vor unserer Nase, die seltsamen Felszacken und Eishörner des Goldzechkopfes, weiterhin das stolze Weißhaupt des Hochnarrs, das durchaus nicht nach der Schellenkappe aussieht, und der Krumlkeeskopf." ... Es folgt eine Schilderung des Rundblicks ...

„Auch die zahlreichen aus der Umgebung herbeigekommenen Landleute, Bergarbeiter, Soldaten auf Urlaub und ihresgleichen zeigten sich wie wir ergriffen und freudig erhoben von all der ernsten, gewaltigen Schönheit ringsumher. Ich möchte einmal den nord- oder mitteldeutschen Bauersmann sehen, der rein aus Freude an der Herrlichkeit der Natur eine solche anstrengende Bergpartie unternähme!" ...

„Gegen ein Uhr waren alle zu erwartenden Festgäste, 82 an der Zahl, versammelt und die Feier nahm nunmehr ihren Anfang. Unsere Damen, sowie die Vertreter der wissenschaftlichen und alpinistischen Gesellschaften stellten sich auf dem schmalen Gange vor dem Hause auf, vor dessen Thür mit Hilfe eines Tischchens, einer weißen Serviette, zweier Kerzen und eines Kruzifixes ein einfacher Altar hergerichtet war. ‚Wenn die Beine nimmer fortwollen, muß der Wille nachhelfen', erwiderte mir der 62jährige Pfarrer Pimpel, als ich ihm meine Bewunderung darüber ausdrückte, daß er in seinem Alter sich so hoch hinauf gewagt habe. Über den steilen Abhang der Felskuppe zerstreut, standen wir anderen Festteilnehmer und empfingen entblößten Hauptes den Segen des Erzbischofs von Salzburg, welchen er durch einen Hirtenbrief, den der würdige Pfarrer verlas, uns allen — Gläubigen und Ketzern — erteilte." ... „Schließlich machte der Pfarrer einen Umgang um das Gebäude und besprengte dessen wetterfeste Mauern mit geweihtem Wasser.

Nun kamen die weltlichen Redner an die Reihe, von denen der erste, Regierungsrat Pfaff, dem Kaiser von Österreich ein Hoch brachte. Und dann folgten der Vertreter der Österreichischen Meteorologischen Gesellschaft, der den Deutsch-Österreichischen Alpenverein leben ließ, wie dies bei solchen Festlichkeiten immer und überall geschieht. Es hat auch jede der gefeierten Parteien ihr gutes Recht, sich von der anderen beloben zu lassen. Der Wissenschaftliche Verein hat die Anregung zum Bau dieser höchsten Wetterwarte Europas gegeben." ... „Der Deutsch-Österreichische Alpenverein hat mit größter Bereitwilligkeit die Hand des gelehrten Vereines ergriffen." ... „Der Staat endlich hat gratis seinen Berg und das nötige Bauholz zur Verfügung gestellt. Alle, alle diese drei Körperschaften hätten weder einzeln noch vereint schwerlich jemals das feste Haus hier oben aus dem nackten Fels zaubern können, wenn sie nicht den Mann zum Bundesgenossen gehabt hätten, den man zuletzt, aber mit dem herzlichsten Jubelgeschrei leben ließ — den trefflichen Rojacher!

Wie sie ihn alle umdrängten — manche mit Tränen in den Augen — und ihm die Hände schütteln, die er glücklich lächelnd schier nach allen Seiten zugleich ausstrecken muß. Seine Begeisterung für die Wissenschaft, seine Liebe zu der erhabenen Natur seines kleinen Schneekönigreiches, sein Mannesmut, seine nimmermüde Thatkraft haben das Kunststück fertig gebracht, 3103 m über dem Meere, auf starrendem Fels, in furchtbar schöner Eiseseinsamkeit diese feste Burg der Wissenschaft, dieses freundliche Asyl der Alpenfreunde zu errichten!" ...

„Nach Beendigung der Eröffnungsfeier wurden noch die Instrumente im Turm besichtigt und dann zerstreute sich die große Gesellschaft. Der größere Teil kehrte nach Kolm-Saigurn zurück. Der kleinere Teil strebte, gleich mir, dem Großglockner entgegen. Wir marschierten an diesem Tage noch fünf Stunden meist steil bergab, über den kleinen Fleißkees, an dem grünen Zirmsee vorüber in das lachende Fleißthal mit seinem Lärchenwald und den zahlreichen lustigen Wassermühlen, und dann weiter nach Heiligenblut, wo wir in angenehm zivilisiertem Gasthause uns endlich beim ersten ‚warmen Löffel' dieses Tages von den gehabten Anstrengungen erholen und neue Kräfte sammeln konnten, um am nächsten Morgen dem Beherrscher der Centralalpen selbst auf den Leib zu rükken." ...

* * *

Literatur über die Eröffnung des Sonnblick-Observatoriums

[1] Die Eröffnung der Sonnblick-Warte. Meteorol. Zeitschr. **3**, 457—459 (1886) (J. H.).
[2] Die meteorologische Beobachtungsstation auf dem Gipfel des Sonnblick. Meteorol. Zeitschr. **4**, 38—41 (1887) (Prof. A. v. Obermayer, k. k. Major).
[3] Hann, J.: Zur Geschichte der meteorologischen Station auf dem Hohen Sonnblick. Meteorol. Zeitschr. **4**, 42—45 (1887).
[4] Obermayer, A. v.: Die Beobachtungsstation auf dem Hohen Sonnblick, ihre Anlage, ihre Entwicklung und ihre Kosten. Erster Jahresber. d. Sonnblick-Ver. f. d. Jahr 1892, 1—25 und 3 Bildtafeln, Wien 1893.

Vereinsnachrichten

(Berichtszeitraum Juni 1976 bis April 1977)

Die ordentliche Hauptversammlung fand am 18. April 1977 statt. Die Zahl der Vereinsangehörigen verringerte sich durch Ableben von 11 Mitgliedern, konnte aber durch Neuaufnahmen wettgemacht werden. Leider hat eine erhöhte Werbetätigkeit nicht den erhofften Erfolg gebracht.

Die Hauptversammlung entlastete den bisherigen Vereinsausschuß und wählte ihn einstimmig wieder:

Vorsitzender: Verlagsdirektor Dr. Wilhelm Schwabl.

Stellvertretender Vorsitzender: Univ.-Prof. Dr. Ferdinand Steinhauser.

Schriftführer: W. Hofrat Dr. Othmar Eckel, Reg.-Rat Ing. Luitpold Binder.

Schatzmeister: Techn. Ob.-Insp. Irmgard Grilz.

Vorstandsmitglied: Univ.-Prof. Dr. Heinz Reuter, W. Hofrat Dr. Josef Willfarth.

Rechnungsprüfer: Univ.-Prof. Dr. Konrad Cehak, Reg.-Rat Anna Brauneis.

Über Vorschlag des Vereinsausschusses wurden auch 5 Mitglieder aus dem Kreise der Einzelmitglieder in das Kuratorium gewählt, und zwar: Hon.-Prof. Dr. Hanns Tollner, W. Hofrat Dr. Josef Willfarth, Dr. Otto Motschka, Professor Dr. Siegfried Schwarzl und Reg.-Rat. Ing. Luitpold Binder.

Über eigenen Wunsch trat Univ.-Prof. Dr. F. Steinhauser als Leiter der Höhenobservatorien zurück. Die Hauptversammlung wählte über Vorschlag des Ausschusses als neuen Leiter der Höhenobservatorien Dr. Werner Mahringer, Leiter der Wetterdienststelle Salzburg, und als Vertreter W. Hofrat Dr. Josef Willfarth, Vizedirektor der Zentralanstalt für Meteorologie und Geodynamik in Wien.

An die Hauptversammlung schloß sich ein Vortrag des Meteorologen Dr. Fritz Neuwirth über „Neue experimentelle Studien zur Meteorologie des Hochgebirges". Die Ausführungen bezogen sich insbesondere auf Wärmeumsatzmessungen im Gebiet des Dachsteins und Großglockners und zeigten in sehr verständlicher Weise Größe und Zusammenwirken aller für die Wärmebilanz wesentlichen Komponenten. Eine Reihe schöner Dias aus dem Arbeitsgebiet bereicherte das Vortragsprogramm.

Die Geldgebarung ergab folgendes Bild:

Vortrag 1976	S 280 553,15
Einnahmen 1976	S 86 037,51
Ausgaben 1976	S 136 984,30
Vortrag 1977	S 229 606,36

Bericht über die Tätigkeit des Sonnblickvereins (Juni 1976 — April 1977)

Die Beobachter Friedrich Wallner, Johann Lindler und Ewald Eicher versahen ihren Dienst klaglos, die Vertretungen wurden vom Personal der Wetterdienststelle Salzburg besorgt.

Die wissenschaftlichen Arbeiten wurden durch die Vornahme von monatlichen Messungen an 20 bzw. 15 Pegeln im Akkumulations- und Ablationsgebiet der Sonnblickgletscher erweitert. In drei Höhenstufen wurden der Aufbau des Schneedeckenprofils, die Ausaperung und die Veränderung der Schneebedeckung durch regelmäßige fotografische Aufnahmen festgehalten.

Prof. Tollner setzte seine alljährlichen Vermessungen an den Firn- und Eisfeldern der Sonnblickgletscher im Herbst fort.

Dr. Motschka und Dr. Wessely überholten bzw. erneuerten alle Einrichtungen der Strahlungsregistrierung auf dem Sonnblick, verlegten sämtliche elektrischen Leitungen in Stahlpanzerrohre, montierten Schaltkästen und Überspannungsableiter.

Das meteorologische Instrumentarium wurde gewartet bzw. ausgetauscht. Der mechanische Windschreiber Beckley und der elektrische Windschreiber Siap wurden in der Werkstätte der meteorologischen Zentralanstalt überholt und wieder auf dem Sonnblickgipfel montiert.

Ein schwerer Sturm (7./8. November 1976) demontierte allerdings das Siap-Gerät, die Anlage der Himmelsstrahlungsregistrierung und fegte auch einen Niederschlagsmesser weg.

Versuchsweise wurde eine Solarheizanlage, die die Vereinigten Metallwerke Ranshofen-Berndorf dem Observatorium kostenlos zur Verfügung gestellt haben, montiert und in Betrieb genommen. Über den Erfolg dieser neuartigen technischen Verwertung der Sonnenenergie gibt ein Bericht von Dr. Motschka in diesem Jahresbericht Aufschluß.

Reparaturarbeiten nach Blitzschäden an Geräten und Anlagen sowie eine Erneuerung des durch Schneedruck gebrochenen Sicherungsgeländers an der Nordseite des Zittelhauses wurden unter finanzieller Beteiligung des Sonnblickvereins durchgeführt, ebenso die Prüfung der Blitzschutzanlage. Das Schneefahrzeug erlitt im Jänner einen Achsbruch und wurde in Eigenregie wieder instand gesetzt.

Die Kontrolle und Wartung der Materialseilbahn wurde von verschiedenen Firmen durchgeführt, ein neues Zugseil von der Firma Felten & Guilleaume erworben und im Herbst dankenswerterweise von einem Bautrupp der Tauernkraftwerke aufgezogen.

Im Herbst 1976 war das 90jährige Bestehen des Sonnblickobservatoriums Anlaß für eine besondere Feier. Sie wurde im Anschluß an die 14. Internationale Tagung für Alpine Meteorologie in Rauris abgehalten und von einer großen Zahl von Teilnehmern besucht. Dank der Zusammenarbeit der Zentralanstalt für Meteorologie und Geodynamik, der Österreichischen Gesellschaft für Meteorologie und des Sonnblickvereins sowie der großartigen Unterstützung von seiten der ganzen Rauriser Gemeinde wurde sie eine gelungene Veranstaltung, trotz ungünstiger Witterung, die eine Besteigung des Sonnblickgipfels wegen zu hoher Lawinengefahr unmöglich machte. Eine ausführliche Schilderung der Feier findet sich in diesem Jahresbericht.

Die Bestrebungen für die Realisierung des Erweiterungsbaues für das Sonnblickobservatorium haben leider noch keine greifbaren Erfolge gebracht. Es wurden Verhandlungen über die Möglichkeit der Vorfinanzierung geführt, außerdem mit dem Verband der Elektrizitätsgesellschaften Gespräche über eine teilweise Mitbenützung und eventuelle Mitfinanzierung begonnen.

Ergebnisse der meteorologischen Beobachtungen auf dem Sonnblickgipfel (H = 3105 m, H_b = 3106,5 m)[1] aus dem Jahre 1976

	Luftdruck[2], mm			Temperatur, °C			Bewölkung Zehntel	Niederschlagsmenge[3] mm		Zahl der Tage mit						Tage			Sonnenscheindauer in Stunden	Windstärke m/sec
	Mittel	Max.	Min.	Mittel	Absolutes Max.	Absolutes Min.		N	S	Niederschlag ≧ 0,1 mm	Schnee	Nebel	Sturm	Heitere	Trübe	Frost-	Eis-			
Jänner	514,8	527,4	502,1	−13,7	−3,3	−26,4	7,0	142	410	25	25	28	19	3	13	31	31	89	8,8
Februar	518,8	530,2	503,7	−10,4	1,1	−19,8	5,1	62	50	11	11	15	10	9	8	29	27	158	6,2
März	516,0	526,5	506,7	−13,0	−2,6	−24,7	5,7	38	83	16	16	21	11	6	10	31	31	198	6,2
April	517,2	524,4	510,1	−8,3	−1,0	−19,4	6,1	103	183	18	18	20	7	5	7	30	30	196	5,4
Mai	521,9	527,9	517,2	−3,0	5,2	−12,1	6,5	79	205	15	15	25	5	3	12	31	16	206	4,7
Juni	525,9	530,9	517,7	0,0	8,8	−10,6	7,1	33	107	11	8	24	3	3	9	20	8	184	5,1
Juli	525,3	530,4	519,7	2,4	11,3	−5,6	7,1	147	233	20	5	31	2	0	9	15	5	190	4,6
August	524,7	528,0	519,6	−1,5	3,4	−8,6	8,1	165	217	21	7	24	4	0	19	31	12	116	4,9
September	522,3	529,2	516,0	−2,8	4,2	−9,2	7,6	118	196	13	8	31	2	1	16	31	17	127	6,1
Oktober	519,2	530,1	510,0	−2,7	7,6	−9,3	7,3	137	103	14	11	21	10	1	15	26	19	128	7,3
November	517,7	523,3	511,8	−9,1	−3,2	−21,2	7,7	183	224	22	22	25	13	1	16	30	30	94	7,4
Dezember	511,8	521,9	492,6	−13,6	−6,0	−25,6	5,9	120	227	19	19	20	11	5	10	31	31	120	7,6
Jahr	519,6	530,9	492,6	−6,3	11,3	−26,4	6,8	1327	2238	205	165	278	108	34	144	331	257	1806	6,2

Totalisatorenbeobachtungen im Sonnblickgebiet, 1976 (Millimeter Wasserwert)

	I.	II.	III.	IV.	V.	VI.	VII.	VIII.	IX.	X.	XI.	XII.	Jahr
Kolm-Saigurn, 1600 m	179	29	18	125	53	271	138	189	193	179	154	93	1558
Radhaus, 2117 m	88	4	28	96	112	274	148	136	184	168	152	32	1316
Unterhalb der Rojacherhütte, 2580 m	344	8	92	140	188	280	150	204	256	96	252	116	2132
Hoher Sonnblick, 3076 m (horizontale Auffangfläche)	544	12	128	160	240	245	130	252	148	92	356	208	2476
Hoher Sonnblick, 3076 m (hangparallele Auffangfläche)	472	40	120	236	380	240	140	440	312	200	348	208	3368
Oberes Fleißkees, 2808 m	252	4	60	152	180	320	220	236	212	196	272	120	1916
Unteres Fleißkees, 2558 m	160	0	28	140	104	(64)[4]	80	72	196	188	304	88	(1620)

Schneepegelbeobachtungen im Sonnblickgebiet, 1976 (Schneehöhe in Zentimetern am 1. jedes Monats sowie Firnrest in Zentimetern am Tage der Neufestsetzung des Pegelnulls)

	I.	II.	III.	IV.	V.	VI.	VII.	VIII.	IX.	X.	XI.	XII.	Firnrest am
Naßfeld, 1630 m	46	90	75	70	10	—	—	—	—	—	—	30	0	1. Okt.
Unterer Goldbergkeesboden, 2480 m	112	280	223	260	297	271	138	8[5]	12[5]	26	195	Eis	1. Okt.
Oberer Goldbergkeesboden, 2710 m	108	260	245	260	295	274	148	20[5]	15[5]	44	200	22[5]	1. Okt.
Oberer Steilhang des Goldbergkees, 2850 m	70	200	175	195	290	280	150	60	50	40	170	70	1. Okt.
Brettscharte, unterer Pegel, Goldbergkees, 2890 m	70	190	170	185	340	245	130	50	40	40	180	80	1. Okt.
Brettscharte, oberer Pegel, Goldbergkees, 2920 m	75	190	170	180	300	240	140	60	70	50	195	100	1. Okt.
Fleißscharte, 2990 m	80	117	140	125	205	218	122	55	50	162	222	106	1. Okt.
Oberes Fleißkees (Pilatusscharte), 2880 m	130	280	220	240	280	320	220	150	150	60	180	200	1. Okt.
Fleißkees, Mitte, 2920 m	80	75	90	90	180	170	80	0	0	170	190	15[5]	1. Okt.
Fleißkees, unterer Boden, 2840 m	160	290	285	290	340	350	250	170	180	200	170	230	1. Okt.
Fleißkees, unterer Steilhang, 2780 m	110	180	180	180	250	250	130	0	0	80	145	35[5]	1. Okt.

[1] Beobachtungstermine ab 1. Jänner 1971: 7, 14 und 19 Uhr. [2] Die Korrekturen wurden bereits angebracht: $B_c = -0{,}70$ mm und $G_c = -0{,}21$ mm. [3] Ombrometer-Aufstellungen nördlich und südlich vom Observatoriumsgebäude. [4] Behälter durch Touristen zerstört. [5] Nach dem Winter gefallener Neuschnee auf Eis, kein Rest der Winterschneedecke mehr vorhanden.

If you have any concerns about our products,
you can contact us on
ProductSafety@springernature.com

In case Publisher is established outside the EU,
the EU authorized representative is:
**Springer Nature Customer Service Center GmbH
Europaplatz 3, 69115 Heidelberg, Germany**

Printed by Libri Plureos GmbH
in Hamburg, Germany